the winter

森林报 冬

[苏]维塔利·比安基 著　周露 译

U0323218

四川文艺出版社

图书在版编目（CIP）数据

森林报. 冬 / (苏) 维塔利·比安基著；周露译
. —— 成都：四川文艺出版社，2021.2
ISBN 978-7-5411-5796-7

Ⅰ . ①森… Ⅱ . ①维… ②周… Ⅲ . ①森林—青少年
读物 Ⅳ . ①S7-49

中国版本图书馆CIP数据核字（2020）第168338号

SENLINBAO DONG

森林报·冬

［苏］维塔利·比安基 著　　周露 译

出 品 人　张庆宁
责任编辑　叶竹君
责任校对　段　敏
封面设计　赵　书
版式设计　史小燕
责任印制　崔　娜
插　　图　赵　书　赵海月

出版发行　四川文艺出版社
社　　址　成都市槐树街2号
网　　址　www.scwys.com
电　　话　028-86259287（发行部）　028-86259303（编辑部）
传　　真　028-86259306

邮购地址　成都市槐树街2号四川文艺出版社邮购部　610031
排　　版　四川胜翔数码印务设计有限公司
印　　刷　成都勤德印务有限公司
成品尺寸　145mm×210mm　　开　　本　32开
印　　张　7　　　　　　　　　字　　数　130千
版　　次　2021年2月第一版　　印　　次　2021年2月第一次印刷
书　　号　ISBN 978-7-5411-5796-7
定　　价　25.00元

目录
CONTENTS

森林报

冬

冬

冬

SENLINBAO 森林报

NO.10

〔冬季第一月〕冬雪初现月

12月21日—1月20日太阳转入摩羯宫

冬

一年：十二个月的太阳史诗——12月

12月酷寒降临。12月铺冰桥，12月钉银钉，12月封大地。12月是一年的结束，也是冬季的开始。

水的任务完成了：连汹涌的大河流都被冰封住了。大地和森林盖上了雪被。太阳躲到乌云后面。白天越变越短，夜晚越变越长。

白雪埋葬了无数尸体！一年生植物按期长大、开花、结果，然后枯萎、重新化为它们所依附的泥土。一年生动物，即许多无脊椎小动物，也都按期度完一生，化为尘埃。

但是，植物留下了种子，动物产下了卵。到一定的时候，太阳将像童话《睡美人》中的英俊王子唤醒公主那样，用吻来唤醒它们。太阳将重新从泥土里创造出生命。多年生的动植物善于保护自己的生命，安全度过北方漫长的冬季，等待春天的降临。现在冬季还未进入全盛期，太阳的生日12月23日就要到了!

太阳终将回归人间。生命将与太阳一起复活。

但首先必须熬过寒冬。

冬天的书

大地上均匀地铺着一层白雪。现在田野和林中空地，像一本巨型书的光滑整洁的书面。任何人在上面走过，都会留下这样一行字："某某到此一游。"

白天下了一场雪。雪停了，这页书重新变得干干净净。

要是早晨你来看一看，会看见洁白的书面上，印满了各种各样神秘难解的符号、线条、圆点和逗点。这么说，夜里有各种各样的林中居民来过这里，它们在这里来回走动，蹦蹦跳跳，做了些事情。

谁来过这里？它们做了些什么？

我们必须赶快弄懂这些难解的符号，读完这些神秘的句子。要不然，再下一场雪，仿佛有谁把书翻了一页似的，在你眼前又将是一张干净、平整的白纸。

各有各的读法

在这本冬天的书上，每一位林中居民都签了字，留下了各自的笔迹和符号。人们学习用肉眼来分辨这些符号。不用眼睛读，还能用什么读呢？

可是动物却想出了用鼻子读。比如，狗用鼻子闻闻冬书上的字，就会读到"狼来过这里"，或者"刚才一只兔子从这儿跑过"。

走兽的鼻子非常有文化，它绝不会读错的。

谁用什么写字

大多数走兽用脚写字。有的用五个脚指头写，有的用四个脚指头写，有的用蹄子写，也有用尾巴、鼻子和肚皮写的。

飞禽也用脚和尾巴写字，它们还用翅膀写字。

冬

楷体和花体

我们的记者学会了读这本讲述林中大事的冬书。他们费了不少劲儿才掌握了这门学问。原来并非全部的林中居民都用楷书签字，有的喜欢耍点儿小花招。

我们很容易辨认并牢记灰鼠的笔迹。它在雪地上蹦蹦跳跳，仿佛在玩跳背游戏似的。它跳的时候，短短的前脚支着地，长长的后腿叉得很开，向前伸出老远。前脚印小小的，并排印着两个圆点。后脚印长长的，分得很开，仿佛两只小手，伸着纤细的手指。

老鼠的字虽然小，可是简单易认。它从雪底下爬出来的时候，经常先绕个圈子，然后再朝着目的地一直跑去，或者退回到鼠洞里。这样一来，就在雪地上留下一长串冒号：冒号与冒号之间的距离一样长。

飞禽的笔迹也很容易辨认。比如说，喜鹊的三只前脚指头在雪地上留下小十字，后面的第四个脚指头，留下一个短短的破折号。小十字的两侧，印着仿佛手指头似的翅膀上羽毛的痕迹。它那梯形长尾巴，必定会在雪上的某些地方留下痕迹。

这些签字都没有耍花招。很容易看出来：这是一只灰鼠从树上爬下来，在雪地上蹦跳了一阵，又上树了；这是一只老鼠从雪底下跳出来，跑了一阵，转了几个圈，又钻回雪底了；这是一只喜鹊落了下来，在冻得硬邦邦的积雪上跳了一会儿，尾巴在积雪上抹了一下，翅膀在积雪上扫了一下，然后飞走了。

不过，请你试着认认看狐狸和狼的笔迹。你要是没看惯，准会被搞得如坠云里雾里。

小狗和狐狸，大狗和狼

狐狸的脚印很像小狗的脚印。区别只在于，狐狸把脚爪缩成一团，几只脚指头紧紧并在一起。

狗的脚指头张开着，因此它的脚印浅一些，松软些。

狼的脚印很像大狗的脚印。区别也仅仅在于：狼的脚掌两侧往里缩，所以狼的脚印比狗的脚印更长、更匀称；狼脚爪和狼脚掌在雪上印得更深。狼的前爪印和后爪印之间的距离，比狗爪之间的距离更大。狼的前爪印，在雪地上通常汇合成一个印子。狗的脚指头上的小肉疙瘩并拢在一起，狼的却不是这样（请把图中的狗脚印和狐狸脚印、狼脚印相比较）。

这是识别动物脚印的基本知识。

特别难读懂狼脚印，因为狼喜欢耍诡计，故意搞乱脚印。狐狸也一样。

狼的诡计

当狼走路或者小跑的时候，它总是把右后脚整齐地踩在左前脚的脚印里，把左后脚整齐地踩在右前脚的脚印里。所以，它的脚印是一条像绳子一样笔直的直线。

你看了这样一行脚印，会想："有一只结实的狼从这里走过了。"

那就错了。应该这样理解才对："有五只狼从这里走过去了。"走在最前面的是一只聪明的母狼，后面跟着一只老公狼，再后面跟着三只小狼。

它们一步步仔细地踩着母狼的脚印走，你绝对不会想到这是五只狼的脚印。一定得认真训练自己的眼睛，才能成为一个善于根据雪径追踪兽迹的好猎人（猎人们把雪地上的兽迹称作雪径）。

冬天的树木

树木会冻死吗？当然会。

如果一棵树冻透了，冻到了心脏，那就必死无疑了。在特别寒冷、少雪的冬季，就会冻死不少树木，其中大多数是小树。如果树木不想点儿妙计保暖，让寒气侵袭到身体内部，那么所有的树木就会被冻死。

摄取养分、生长发育和孕育后代都需要消耗大量的功和能，要耗费大量的热。树木在夏天里积聚起充分的能量，到冬天就停止摄取营养，停止生长，停止消耗能量繁殖后代。它们变得无所事事，陷入深沉的睡眠。

树叶散发大量的热，所以，冬天树木叫树叶滚开！树木抛弃树叶，放弃树叶，就是为了把维持生命必不可少的热，保存在体内。何况，从树枝上掉落的树叶，在地上腐烂了，也会散发热量，保护娇嫩的树根不受冻。

不仅如此！每一棵树都有一副铠甲，保护植物的活机体不受严寒的侵袭。每年夏天，树木都在树干和树枝皮下，储存多孔隙的软木组织：无生命的夹层填料。软木不透水，也不透空气。空气滞留在软木的气孔中，不让树木活机体中的热量向外散发。树越老，软木层就越厚，因此老树、粗树比小树和细树更容易熬过寒冬。

树木不仅有软木铠甲，如果酷寒穿透了这层铠甲，那么在植物的活机体中，它将遇到可靠的化学防线。冬季来临之前，在树液里积蓄起各种盐类和可以转化为糖的淀粉。含有盐类和糖的溶液抗寒能力都很强。

不过，松软的雪被才是树木最好的防寒设备。众所周知，体贴入微的园丁们有意把畏寒的小果树弯折到地上，用雪把它们埋起来：这样，小果树就暖和多了。在白雪皑皑的冬天，大雪像床鸭绒被，把森林覆盖起来；那时，不管天多么冷，树木也不害怕了。

无论严寒如何肆虐，它也冻不死北方的森林！

我们的"森林王子"顶得住暴风雪的进攻。

雪下牧场

周围白茫茫的一片，雪积得很深。你想到，大地上只有积雪，花儿早已凋谢，草儿也已枯萎，你感到极其郁闷。

人们通常都这么认为，而且还自我安慰道："唉，得了吧！大自然就是这么安排的！"

我们对大自然还了解得太少！

今天天晴了，也很暖和。我就利用这个机会，蹬上滑雪板，滑到小牧场，把小试验场里的积雪清除干净。

积雪清除完了。这时，阳光照亮了一月的花草。它照亮了匍匐在冰冻的地面上的小绿叶，照亮了从枯草根下钻出来的新鲜的小尖叶，也照亮了被积雪压倒在地的各种小绿草茎。

在这些植物当中，我找到了我种的毛茛。它在冬季之前就开花了，这会儿在雪底下保存着所有的花朵和花蕾，等待着春天的到来。连花瓣都没有掉落！

你们知道在我这小小的试验场上有多少种植物吗？一共有62种。现在其中有36种透着绿色，有5种开着花。

你还说1月份我们牧场上既没有草，更没有花呢！

发自尼·芭芙洛娃

冬

森林中的大事

以下几件林中大事，都是我们的森林记者根据雪径读懂的。

缺少文化的小狐狸

在林中空地上，小狐狸看见了几行老鼠的小脚印。

"哈哈！"它想，"这下可有东西吃啦！"

它也没用鼻子好好"读读"，刚才谁来过这里，只瞧了瞧：哦，脚印子是通往那边去的，一直通到那棵灌木下。

它悄悄地走向那棵灌木。

它看见雪地里有个穿着灰色皮袄、拖着根小尾巴的小东西在蠕动。它一把抓住它，咬了一口：咯吱！

呸！呸！呸！什么臭玩意儿，臭死啦！它连忙吐出小兽，赶紧跑到一旁去吃雪……用雪把嘴巴漱漱干净。那味道真是太难闻了。

小狐狸的早饭没吃成，只不过白白地咬死了一只小兽。

原来那只小兽不是老鼠，是鼩鼱（qú jīng）。

远远地看，它像只老鼠。走近一看，马上可以认出来：鼩鼱的嘴长长地伸出来，背部隆起。它是食虫兽，跟田鼠、刺猬是近亲。有文化的野兽都不会去碰它，因为它的味道太可怕了：像麝香似的。

可怕的脚印

我们的森林记者，在树下发现一串很长的脚印，看了简直叫人害怕。脚印本身倒不大，跟狐狸脚印差不多，可是爪印像钉子似的又直又长。要是用这样的脚爪抓一下肚皮，肯定会把肚肠揪出来。

记者小心谨慎地沿着脚印走。他们来到一个很大的洞前，洞口的雪地上散落着细毛。他们仔细查看了一番。细毛笔直坚硬，不易折断；毛的颜色是白的，毛尖是黑色的。人们通常用它来做毛笔。

他们立刻明白了：住在洞里的是獾。獾是个忧郁的家伙，但并不十分可怕。显然，它趁着暖和的化雪天，出来逛逛。

雪下的鸟群

兔子在沼泽地上蹦蹦跳跳。它从一个草墩，跳到另一个草墩，从这个草墩，又跳到另一个草墩，忽然扑通一声摔了下来，掉在雪里，雪没到它的耳朵边。

兔子觉得脚下有个活的东西在动。就在这一瞬间，从附近的雪底下，飞起了一大群白鹧鸪，翅膀扑得震天响。兔子吓得魂飞魄散，慌忙跑回了森林。

原来有一群白鹧鸪住在沼泽地的雪底下。白天，它们飞出来，在沼泽地上走来走去，挖雪里的蔓越橘吃。它们吃了一阵，又返回到雪底下。

在那里，它们既暖和，又安全。谁能发现躲藏在雪下的它们呢？

雪"爆炸"了，鹿得救了

我们的记者，好久也猜不透雪地上的一些脚印子，它们仿佛记载着一个谜一般的故事。

一开始是些步态安稳的细小狭窄的兽蹄印。这不难读懂：有一只母鹿在林子里走过，它丝毫没感到不幸正在等待着它。

突然，在蹄印旁，出现了许多大脚爪印，于是母鹿的脚印开始跳跃。

这也很好懂：一只狼从密林里看见了母鹿，朝它横扑过来。母鹿飞快地从狼身旁逃走。

接着，狼脚印离母鹿脚印越来越近，狼眼看就要追上母鹿了。

在一棵倒地的大树旁，两种脚印完全混在了一块儿。看来，母鹿刚刚来得及跳过大树干，狼紧跟着窜了过去。

树干的那一边，有个深坑，坑里的积雪，都给击碎了，撒在四处。仿佛有个巨型炸弹在雪下爆炸了似的。

在这之后，母鹿的脚印朝一个方向，狼的脚印朝另一个方向，这当中还夹着不知从哪儿冒出来的巨大的脚印，很像人的脚印（光脚的脚印），只是带着可怕的、弯弯的爪印。

究竟一颗什么样的炸弹埋在雪里？这可怕的新脚印是谁的？为什么狼朝一个方向跑，母鹿朝另一个方向跑？这期间究竟发生了什么？

我们的记者，久久地冥思苦想着这些问题。

后来，他们终于搞明白，这些巨大的脚印是谁的。这样一来，一切就都清楚了。

母鹿凭着它的飞毛腿，毫不费力地跳过了倒在地上的树干，向前飞奔。狼紧跟着也跳了起来，但是没有跳过去。它的身子太重了，扑通一声，从树干上掉进了雪里，四条腿一齐陷入了熊洞里。原来熊洞正好在树干底下。

　　熊从睡梦中被惊醒，惊慌失措地蹦了起来，于是冰雪和树枝一起往四下里乱飞，仿佛被炸弹炸过一样。熊飞快地向树林里逃窜，也许它以为有猎人向它进攻了。

　　狼倒栽进雪里，看见这么个胖家伙，不禁忘了母鹿，只顾自己逃命。

　　而母鹿早已逃得不见踪影。

雪海深处

　　初冬时节，雪下得还不多，这时，田野和森林里的野兽日子最难过。地面光秃秃的，冻土越来越厚。地洞里变冷了。连鼹鼠都在遭罪，极其费劲地用它那铁锹似的脚爪，挖掘硬得像石头的冻土。老鼠、田鼠、伶鼬和白鼬又该怎么办呢？

　　终于下大雪了。不停地下呀，下呀，积雪也不再融化。一片干燥的雪海覆盖住整个大地。人站在雪海里，雪没到膝盖。榛鸡、黑琴鸡，甚至松鸡，都把头钻进了雪里。老鼠、田鼠、鼩鼱以及其他所有不冬眠的穴居小野兽都从地下住所钻了出来，在雪海底跑来跑去。凶猛的伶鼬，不知疲倦地在雪海里钻来钻去，好像一只小不点儿海豹。有时，它跳出雪海待一两分钟，看看有没有榛鸡从雪底探出头来，之后又钻回雪海底。它就这样，悄无声息地从雪下钻到鸟跟前。

雪海底比雪海面暖和得多。凛冽的寒风，冬天的死亡气息，都吹不到那里。厚厚的干水层不让严寒接近地面。许多穴居的老鼠，把自己的冬巢直接筑在雪下的地上，仿佛到冬季别墅里避寒似的。

竟然还有这种事！有一对短尾巴田鼠，用草和毛在地上做了个小巢，就搭在一棵盖着雪的灌木枝上。从巢里冒出轻微的热气。

几只刚出生的小不点儿田鼠，就住在这厚雪覆盖下的暖和小巢里。它们身上光溜溜的没长毛，眼睛也还闭着呢！那时严寒正肆虐，达零下20℃呢！

冬天的中午

1月份一个阳光灿烂的中午，白雪掩盖着的树林里，一片寂静。熊主人正在秘密洞穴里睡觉。在熊的头顶，是被雪压得垂下来的乔木与灌木。在这些树木之间，隐约可见许多奇特的小住房的拱形圆顶、空中走廊、庭阶和窗户，以及稀奇古怪的带尖顶房盖的塔形小屋。这一切都在闪闪发光，无数小雪花，像金刚钻似的闪烁着。

一只小巧玲珑的小鸟，好像从地下钻出来似的，突然跳了出来。它长着锥子般的尖嘴巴，尾巴向上翘着。小鸟展翅飞到枞树顶，啼啭声响彻整个树林！

这时，一只绿色的浑浊的眼睛，突然出现在雪房子下地洞的小窗口前……难道春天提前降临了？

这是熊的眼睛。熊总是在它进洞睡觉的那一面，留一扇小窗：天知道树林里会发生什么事！还好，在金刚钻般的房子里，一切平安……于是，眼睛从窗口消失了。

小鸟在冰雪覆盖的树枝上，乱蹦了一阵，又钻回雪帽子底下的树桩里去了：那里，它有一个用柔软的苔藓和绒毛做的温暖的冬巢。

集体农庄纪事

树木在严寒中沉睡。树干里的血液（树液）被冻得凝住了。锯子的声音在树林里不知疲倦地响着。人们整个冬天都在采伐木材。冬天采伐的木材是最珍贵的：干燥结实。

为了让木材在春天时随着河水漂浮出去，人们把锯下来的木材搬运到大大小小的河流边，同时修建冰道：宽阔的冰上之路。他们往积雪上浇水，就像浇溜冰场似的。

集体农庄庄员们在准备春播。他们在选种和查看庄稼苗。

田野里的灰山鹑群，现在都住在打谷场附近，它们常常飞到村子里来。它们很难在厚厚的积雪下找食物吃。即使扒开了积雪，要用细瘦的脚爪刨开厚厚的冰壳层，也是难上加难的事。

冬天人们很容易捕捉山鹑，但这是犯罪，因为法律禁止冬天捕捉软弱无助的山鹑。

聪明而体贴的猎人，冬天还不时喂喂山鹑，给它们在田野里开办食堂：用枞树枝搭起小棚子，在棚底下撒上燕麦和大麦。

这样一来，即使在最酷寒的冬季，美丽的山鹑也不会饿死。第二年夏天，每一对山鹑又孵出20只及以上的小山鹑。

集体农庄新闻

耕雪机

昨天，我到启明星集体农庄，去看望我的一位中学同学：拖拉机手米沙。

米沙的妻子给我开了门，她特别爱开玩笑。

"米沙还没回来，"她说，"在耕地呢！"

我想："她又在跟我开玩笑。这玩笑开得也太蠢了点儿吧，在耕地呢！也许连托儿所里刚会爬的孩子都知道，冬天不耕地。"

于是我也打趣地问道："是在耕雪吧？"

"不耕雪，还耕什么呀？当然在耕雪。"米沙的妻子回答。

我去找米沙。无论这是多么地令人惊讶，我是在田里找到他的。他开着拖拉机，拖拉机后面挂着一只长木箱。木箱把雪归拢到一起，堆成一堵结实的高墙。

"米沙，为什么这么做？"我问。

"这是用来挡风的雪墙。要是不堆这么一堵墙，风就会在田里乱跑，把雪都刮走了。要是没有雪，秋播谷物就会冻死。必须把田里的雪留住。所以，我在用耕雪机耕雪。"

冬季作息时间表

集体农庄的牲畜，现在根据冬季作息时间表生活：按照规定时间睡觉、吃饭和散步。四岁的集体农庄女庄员马莎是这么解释给我听的：

"我和我的小朋友们，现在都上幼儿园了。也许牛和马也上幼儿园了。我们去散步的时候，它们也去散步。我们回家的时候，它们也回家。"

绿腰带

一排排匀称的枞树沿着铁路线，绵延数公里长。这条绿腰带保护着铁路不受风雪侵袭。每年春天，铁路职工都要种数千棵小树，延长这条绿腰带。今年种了10万多棵枞树、洋槐和白杨，以及将近3000棵果树。

铁路职工还在苗圃里培育各种树苗。

城市新闻

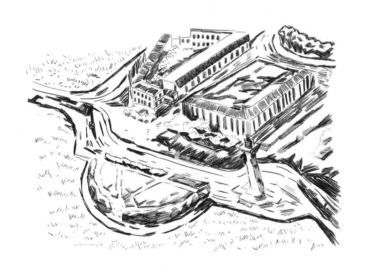

赤脚在雪地上爬

在出太阳的日子里，温度表的水银柱上升到了0℃。这时，在花园里、林荫道上和公园里，许多没有翅膀的小苍蝇从雪下面爬了出来。

它们在雪上爬了整整一天。晚上，它们又藏到了冰缝和雪缝里。

它们住在僻静暖和的角落里，藏在落叶或苔藓下。

在它们爬过之后，雪上并没有留下痕迹。这些小虫子身子非常小、非常轻，只有用倍数很大的放大镜，才可以看清楚它们：突出的长嘴巴、奇怪的犄角和纤细的光脚。

国外消息

记者从国外给《森林报》编辑部寄来了有关候鸟生活详情的报道。

我们著名的歌手夜莺在非洲中部过冬，百灵鸟住在埃及，椋鸟分别到法国南部、意大利和英国旅行。

它们在那儿不唱歌，只是忙着张罗吃的。它们没有做巢，也没有养育后代；它们只是在等待春天的到来，等待飞回故乡的日子。因为常言道："在家千日好，出门万事难。"

冬

百鸟聚会在埃及

埃及是鸟儿冬季的乐园。雄伟开阔的尼罗河上支流无数，河滩上布满淤泥；河水泛滥，所到之处形成了肥沃的牧场和农田。湖泊和沼泽遍布，既有咸水湖，也有淡水湖；暖和的地中海沿岸弯弯曲曲，形成众多港湾：这些地方，到处都有丰盛的食物，可以招待千千万万的鸟儿。夏天，这里已是鸟儿遍布；到了冬天，我们的候鸟也飞过来了。

百鸟聚会，盛况空前。似乎全世界的鸟都飞聚到这里来了。

水禽密密匝匝地栖息在湖上和尼罗河支流上，远远望去，连水都看不见了。嘴巴下长着个大肉袋的鹈鹕，跟我们的小灰鸭和小水鸭一起抓鱼。我们的鹬在漂亮的长脚红鹤之间来回踱步；只要看见五彩的非洲乌雕或者我们的白尾金雕，它们就向四处逃散。

要是湖面上响起枪声，一群群各式各样的鸟儿立刻密密匝匝地飞起来，发出震耳欲聋的喧嚣声，如同一齐擂响了千面鼓。顿时，一大片黑影笼罩在湖面上空，因为飞起来的鸟群挡住了太阳。

我们的候鸟就这样生活在冬天的住所里。

国家禁猎区

在我们辽阔的国土上，也有一处鸟的乐园，一点不比非洲的埃及差。我们的许多水禽和沼泽地里的鸟，都飞到那里过冬。像在埃及一样，在那里的冬天你可以看见一群群的红火烈鸟和鹈鹕，其中混杂着众多的野鸭、大雁、鹬、鸥和猛禽。

我们说冬天。可是那儿恰恰没有冬天，没有像我们这样的积雪、严寒和大风雪的冬天。在温暖的、布满淤泥的浅海湾里，在芦苇丛生、灌木茂密的沿岸，在风平浪静的草原湖泊上，一年四季各种各样的鸟食应有尽有。

这些地区都是禁猎区，禁止猎人捕杀这些辛苦了一夏、飞来歇息的候鸟。

这就是我国的塔雷斯基政府禁猎区，位于里海东南岸的阿塞拜疆共和国境内，在林柯拉尼亚附近。

惊动南非洲

在南非洲发生了一件引起轰动的大事。在一群从天空飞落的白鹳中，人们发现其中一只脚上套着白色的金属环。

人们捕捉了这只戴环的白鹳，读懂了金属环上刻的字："莫斯科。鸟类学研究委员会，A组，第195号。"

报上刊登了这则消息，因此我们得知，前段时间我们记者抓住的那只白鹳在哪里过冬。

科学家利用给鸟戴脚环的方法，了解到关于鸟类生活的众多惊人的秘密：例如它们的越冬地，移飞线路，等等。

为此，世界各国的鸟类学研究委员会都用铝制作了大小不等的环，在环上刻上了放环机构的名称，还刻上组号（按环的大小分组）和号码。如果有谁抓住或打死这种带环的鸟，应该按照环上刻着的机构名称，通知相关科研单位，或者在报上刊登自己的发现。

基特·韦利卡诺夫的故事

米舒特卡的奇遇：新年故事

还有一天就是新的一年了。

天寒地冻。

天刚蒙蒙亮，一位集体农庄老爷爷就驾着雪橇去森林，他要给乡村俱乐部砍一棵漂亮的新年枞树。

森林辽阔茂密。老爷爷一直驾啊、驾啊，过了好久才来到森林中部。这里已听不到村子里的一点儿声音，连喇叭声都听不到了。老爷爷把马拴到树上，离开大路，选了一棵不错的小枞树。

但他刚朝树干砍下第一斧头，嘎巴一声，一只棕色的大兽像枚炮弹似的从雪里飞了出来。

老爷爷吓得斧头都掉了。他拼尽全力扑向马，解开马缰绳，骑上马跑了。

母熊把老爷爷吓得魂不附体。熊洞恰好建在老爷爷看中的那棵枞树下。被巨大的砍树声猛然惊醒，母熊从洞里一跃而起，失魂落魄地朝密林深处奔去。由于害怕，它似乎觉得，猎人们一起攻上来了。

它的小儿子米舒特卡还留在熊洞里。它只有三个月大，还在吃奶呢。

寒气钻进了被母熊撞毁的熊洞。米舒特卡冻醒了，轻声哭泣起来：它又冷又饿。米舒特卡开始行动了：它从熊洞里爬了出来。它要去寻找妈妈，但母熊已逃得无影无踪。

它徒劳地爬来爬去，哀号尖叫。妈妈跑远了，听不到它的叫喊。

最后，米舒特卡生气了。它用四条腿站起来，自己去找吃的了。它脚趾内翻的短腿不断陷进深雪里，但饥饿驱使它一直往前走。

突然，它看见一只美丽的棕红色小兽坐在一棵树后的树墩上，它的尾巴毛茸茸的。小兽就要啃完一颗长长的枞树坚果了。

米舒特卡很喜欢小松鼠。米舒特卡朝它走过去，想跟它玩一玩。但小兽吓得跳了起来，箭一般地蹿上了枞树。

米舒特卡眼看着松鼠消失了。它坐了会儿，摇了摇头，毫无办法，只得继续往前走。

不久，它看见一只灰色的小兽，想躲开它藏到灌木丛下。它气呼呼地哼了一声，咚咚地追了上去。米舒特卡两步就赶上了小兽，用熊掌一把抓住它。但是，哎哟，灰色的小兽身上长满了刺，米舒特卡痛得尖叫起来，跳了开去。

它久久地在林中徘徊，终于精疲力竭地坐了下来。它饥肠辘辘，只得用脚爪刨雪。雪下是大地，地上长着鲜花、浆果和植物根。米舒特卡开始把这些东西往嘴里塞：原来，这些东西都可以吃的。可怜的孤儿用脚掌勤勉地刨雪，吃得肚子都鼓了起来，好像吞下了一整只西瓜似的。

米舒特卡吃饱后，开始愉快地奔跑起来。它不是很留意脚下。突然，扑通一声！它掉进了一个坑里。

干树枝和积雪覆盖着坑。蛇、青蛙和癞蛤蟆一起在坑里面冬眠。

　　米舒特卡跌落时，幸亏用后脚爪勾住了粗树根，它悬挂在这些动物的头顶上。

　　蛇醒来了，一抬头看见了熊，吓得咝咝地叫起来，青蛙绝望地呱呱叫着。害怕赋予了米舒特卡力量。它借助后脚掌的力，摇晃着身子，用前脚掌攀住粗大的树根，急急忙忙地从坑里爬了上来。它吓坏了，头也不回地往前跑，一直跑到一块林中旷地，才停下来。

　　它停下来后，又开始刨雪，这里，也许还能找到什么好吃的吧？但这次它刨到的完全是另外的东西：雪下住着的是林鼠和它们的孩子们。这些一丁点儿大的小兽把窝搭在了灌木丛中的矮树枝上，甚至有热气从温暖的巢里冒出来。

要是米舒特卡再大一点儿，它就会懂得，这些林鼠足够它美餐一顿。但是它还没开窍，只是惊讶地看着，这些短尾巴的小兽当着它的面四处逃散。

冬季的白天很短。当米舒特卡挖林鼠的时候，黄昏来临了。米舒特卡忽然想起："妈妈到底在哪里啊？"它开始四处找妈妈，可是在辽阔茂密的森林里，如何才能找到妈妈呢？

米舒特卡沿着森林跑啊、跑啊，夜晚降临了。伸手不见五指的新年之夜。天上不见一颗星星，全被漆黑的云层遮住了。更糟糕的是，下起了鹅毛大雪。米舒特卡跑得浑身发热，雪花一落到背上，立刻化了。它的皮袄都湿透了。

黑暗中的一切都显得阴森恐怖：突然有什么动物扑上来了！米舒特卡还太小，它还不明白，熊是我们森林中最强大的野兽。它甚至都不敢边跑边哭，万一被人听见了怎么办？它默默地跑着，朝密林深处越跑越远。

请想象一下，它是多么地害怕！突然，它跟不知哪个野兽的额头咚的一声撞上了！这个野兽比它高大强壮得多，小可怜被撞飞到一边，屁股撞上了树，生疼生疼的。

可米舒特卡顾不上揉一揉被撞伤的地方，因为大兽随时可能扑过来，吃掉它。米舒特卡慌忙在黑暗中摸索着上了树。

它听见那只高大健壮的野兽正悄悄朝它靠过来。野兽的身子那么重，压得脚下的枯枝纷纷断裂……

沉重的脚步声越来越近……米舒特卡用四只脚爪痉挛地攀住树皮，把身子朝后转，向下，向黑暗处看……

幸运的是，恰好此时，从漆黑的云层中划出一道闪电，瞬间照亮了整座森林。在这一刹那间，米舒特卡看清了下面的野兽。

"妈妈！"它放声大叫，飞速地从树上爬了下来。

的确，这是母熊，它的妈妈。它也没搞清楚，黑暗中跟谁相撞了，没有认出儿子。

它们两个都高兴极了！

这时恰好传来了莫斯科自鸣钟的钟声，激昂的当当声在森林里回荡着：钟敲12点，新年到了。

鹤开始在沼泽地上啼鸣，百灵鸟在空中歌唱，母亲和儿子幸福地紧紧拥抱在一起。

然后它们回到熊洞，在那里躺了下来。米舒特卡开始吮吸妈妈的奶，而母熊也开始吮吸美味又富有营养的熊掌。

瞧，多么美满的结局，跟所有新年故事的结局一样，即使这个故事讲述的是发生在茂密森林里的事。

基特·韦利卡诺夫

打 猎

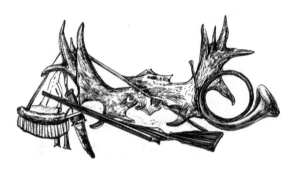

带上小旗子打狼

在村子附近有狼出没。一会儿叼走一只小绵羊，一会儿拖走一只山羊。这个村子里没有猎人，人们只好到城里找人帮忙。

"同志们，请救救我们吧。"

当天晚上，从城里开来一队士兵，全是打猎高手。雪橇上装着两根粗大的卷轴，卷轴上缠满绳子，中间像个驼峰似的隆起来。小红布旗系在绳子上，每隔半米系一面。

冬

读懂雪径

他们向农民打听清楚，狼从哪儿进入村庄，随后就去查看脚印。载着卷轴的雪橇，也跟在后面。

脚印成一直线，从村子里出去，穿过农田，一直通到森林里。似乎是一只狼的脚印，可那些经验老到的兽迹追踪者仔细一看，却说走过去的是一窝狼。

等到了树林里，脚印就分成了5只狼的。猎人们看了看，说：走在最前面的是一只母狼，脚印很窄，步子很小，脚爪洼①斜斜的，根据以上特点可以知道这是母狼的脚印。

接着他们分成两组，乘上雪橇，绕着树林转了一圈。

没有看见从树林里出来的脚印。这么说，这一窝狼都还藏在树林里。应该尽快实施围猎。

包 围

每一组猎人带着一个卷轴。雪橇慢慢前进，卷轴旋

---

① 野兽把脚掌从雪里拔出的时候，常常把脚印小坑里的雪也带出来一点儿，因此雪地上留下脚爪印，这种印迹被称作脚爪洼。
　——译者注

转着，绳子渐渐放出来。有人跟在后面把绳子缠到灌木上、树干上，或者树桩上。这样，长长的小旗离地约半俄尺①，迎风招展。

在村子旁，两组人会合了。他们用旗子把树林包围了起来。

他们吩咐集体农庄庄员们，第二天天一亮就起床，然后就去睡觉了。

夜　晚

那天夜晚，恰好是个寒冷的月夜。

母狼醒了，站了起来。公狼也站了起来。今年刚出生的小狼也站了起来。

四周是茂密的树木。一轮圆月，如同沉寂的落日，悬浮在蓬松的枞树梢上空。

狼的肚子饿得咕咕叫。

真是郁闷啊！

母狼仰起头，对着月亮嗥叫；公狼跟着低沉地嗥叫，小狼也尖声细气地叫了起来。

---

① 1俄尺等于0.711米。——译者注

村子里的家畜听见狼嗥，牛吓得哞哞叫，羊吓得咩咩叫。

母狼迈开了步子。公狼跟在后面。最后面的是小狼。

它们小心翼翼地、一个脚印叠着一个脚印地走。它们穿过树林，向村庄走去。

母狼突然站住了。小狼也站住了。公狼也站住了。

母狼一双凶恶的眼睛，惊恐地闪烁着。它那灵敏的鼻子，闻到了红布的酸涩味。它看见前面林边的灌木上，挂着一些黑乎乎的布片。

母狼上了年纪，见多识广。可是还从未碰到过这样的事情。不过，它知道：哪儿有布片，哪儿就有人。谁知道呢，也许他们正藏在田里守候着呢！

得往回撤。

它转过身，连蹿带跳地逃进了密林。公狼在后面跟着。小狼跟在最后面。

它们迈着大步，穿过整个树林，来到树林边，又站住了。

它们又看见了布片！像一条条吐出的舌头似的挂在那里。

这窝狼东奔西跑，一次次横穿过密林：这边，那边，只见到处都是布片，到处都找不到出路。

母狼觉得情况不妙，慌忙逃回密林，躺了下来。公狼也躺了下来，小狼也躺了下来。

它们闯不出包围圈了。还是忍着饥饿吧！谁知道人们打的什么鬼主意？

肚子饿得咕咕直叫。天真冷啊！

冬

第二天早上

天边刚露出微微晨曦，就有两队人马从村子里出发了。

一队人数少些，每人都穿着灰色的长袍。他们绕着树林走，悄悄取下小旗子，然后在灌木丛后一字散开。这是一队带枪的猎人。他们穿着灰衣服，因为别的颜色在冬季的树林里特别显眼。

另一队人数多些，他们是集体农庄庄员，手里都拿着木棒，在田里等候着。然后，指挥员一声令下，大家说笑着进了森林。他们一边走着，一边大声呼应着，还不时地用木棒击打树干。

围 攻

狼正在密林里打盹儿，忽听得从村子那边传来喧嚣声。

母狼慌忙朝旁边，朝与村庄相反的方向跑。后面跟着公狼，再后面跟着小狼。

它们竖起脖子上的鬃毛，夹紧尾巴，两只耳朵向后扇着，双眼直冒火星。

到了树林边，只见一块块大红的布片。

转身往后跑！

喧嚣声越来越近。听得出，有一大批人杀过来了，木棒敲得轰隆响。

赶快逃离他们！

又来到了树林边。幸亏这边没有红布。

往前冲啊！

于是，这窝狼径直朝着布好的散兵线冲过来了。

从灌木丛后喷出一道道火光，枪声大作。公狼一蹦老高，咕咚一声跌倒在地。小狼尖叫着直打转。

没有一只小狼逃脱士兵们精准的枪法。只有老母狼不知去向，谁也没看见它是怎么逃走的。

从这之后，村子里再也没有丢失牲畜了。

冬

打狐狸

一个经验丰富的猎人，只要用他那双锐利的眼睛，看一眼狐狸的脚印，就什么都明白了！

初雪后的一天早晨，萨索伊其走出家门。他老远就看见田里有一行狐狸的清晰整齐的脚印。这位小个子猎人，不紧不慢地走到脚印旁，站在那里沉思了一会儿。他摘下滑雪板，单腿跪在滑雪板上，把一个手指头弯起来，伸进狐狸脚印洼里，横探探，竖探探。接着又想了想。然后套上滑雪板，顺着脚印滑去，一路盯着脚印不放。他一会儿隐进灌木丛，一会儿又钻了出来，后来滑到一个小树林边，依旧不慌不忙地绕着小树林转了一圈。

但是，当他从林子那边出来后，他立刻加快速度，奔回村子里去了。他甚至不用滑雪杖，在雪地上飞速滑行着。

冬季的白天很短，萨索伊其已经花费了整整两个小时查看脚印。可是他暗暗下定决心，今天一定要抓住这只狐狸。

他向我们村的另一个猎人谢尔盖家里跑去。谢尔盖的母亲从小窗子里看见他，就先走出来，站在台阶上，对他说："我儿子没在家。他也没说上哪儿去啦！"

萨索伊其知道老太太在耍花招，便微笑着说："我知道，我知道。他在安德烈家里。"

萨索伊其真的在安德烈家里找到了这两位年轻猎人。

他一眼看出，当他走进去的时候，他俩显得挺尴尬，立刻就不说话了。谢尔盖甚至还从凳子上站起来，竭力用身子挡住一个卷小红旗的大卷轴。

"得啦，小伙子们，不用遮遮掩掩的了，"萨索伊其开门见山地说，"我都知道了。昨天夜里，狐狸从星火集体农庄拖走了一只鹅。我也知道，狐狸现在藏在哪里。"

这番话把两个年轻猎人听得目瞪口呆。仅仅在半小时前，谢尔盖才遇到相邻的星火集体农庄里的一个熟人，得知昨天夜里，狐狸从他们那儿的鹅棚里拖走一只鹅。谢尔盖就是为了这件事来找好朋友安德烈的。他俩刚刚商量好，怎样去找那只狐狸，怎样在萨索伊其听到风声前先下手为强。谁知正说萨索伊其，萨索伊其就到了，而且他还什么都知道了。

安德烈先开了口："是老太太多嘴，向你透风了吧？"

萨索伊其冷笑道："老太太恐怕一辈子也弄不懂这些事。我是看脚印看出来的。现在我讲给你们听：第一，这是只上了年纪的公狐狸，块头很大。脚印是圆的，干净利落，走起路来，不像小狐狸那样乱踩一气。脚印很大。它拖着一只鹅，从星火集体农庄出来，走到一株灌木丛里，把鹅吃光了。我已经找到它吃鹅的地方了。这只公狐狸很狡猾，膘肥肉厚，毛皮也厚，这张皮可以卖个大价钱！"

谢尔盖和安德烈相互使了个眼色。

"怎么？难道这些都在脚印上写着吗？"

"当然写着。如果这是一只瘦狐狸，半饥半饱地活着，那它身上的毛皮就稀薄，缺乏光泽。可是老狐狸生性狡猾，吃得饱，把自己养得肥肥的，它的毛皮又厚又密，漆黑闪光。这张皮可卖个好价钱！饱狐狸跟饿狐狸的脚印也不一样：饱狐狸走起路来，像猫儿一样轻盈，一个脚印叠着一个脚印走，一步是一步，整整齐齐的一排。我跟你们说吧：像这样一张毛皮，在列宁格勒毛皮收购站，可抢手啦，肯定会有人出高价购买。"

萨索伊其不吭声了。谢尔盖和安德烈又互相使了个眼色，一起走到墙角边，轻声商量了一会儿。

然后，安德烈对萨索伊其说：

"好吧，萨索伊其，你就直截了当地说吧：想找我们合伙干吗？我们没意见啊！你瞧，我们也听说了，连小旗都准备好了。我们原想抢在你前头，可是没干成。那么我们就联手吧：谁运气好，就算谁的。"

"第一次围攻，打到算你们的。"小个子猎人大方地说，"要是让它跑了，就别想再来一次围攻：这只老狐狸不是本地的，是过路的。我知道我们本地狐狸没有这么大个儿的。只要一听到枪响，它就会飞也似的溜走，即使找上两天也别想找到它。小旗子还是留在家里吧！老狐狸可狡猾啦，它让人家打围，可能也不止一次了，每次都溜掉了。"

但是两个年轻猎人坚持要带小旗子。他们说，带上旗子稳妥些。

"好吧！"萨索伊其点点头，"你们想带什么，就带什么。走吧！"

谢尔盖和安德烈立刻忙碌起来，扛出两个卷小旗的大卷轴，把它们绑在雪橇上。借此机会，萨索伊其回了一趟家，换了身衣服，找来五个年轻庄员作赶围人。

三个猎人都在短皮袄外套上了灰色的长袍。

"我们这是去打狐狸，不是去打兔子，"萨索伊其一边走，一边开导他们，"兔子不是很精明。狐狸的嗅觉要比兔子灵得多，眼睛也特别尖。只要它发现有什么不对，立刻就会逃得无影无踪。"

大家很快就跑到了狐狸藏身的小树林。他们分散开来：赶围人留在原地；谢尔盖和安德烈拿起卷轴，从左边用小旗子把小树林围起来；萨索伊其从右边用小旗子围树林。

"你们可得把眼睛睁大点儿，"分手前，萨索伊其提醒他们，"看看有没有走出树林的脚印子。千万不要弄出响声。老狐狸可机灵了！只要让它听到丁点儿动静，我们就别想抓到它了。"

不久，三个猎人在小树林的那头见了面。

"没什么问题吧？"萨索伊其轻声问道。

"没问题，"谢尔盖和安德烈回答，"我们仔细瞧过了：没有走出树林的脚印子。"

"我也没看到。"

他们留下大约一百五十步宽的地方做通道，没挂上小旗子。萨索伊其给两个年轻的猎人指定好站立的位置，接着又悄无声息地滑回赶围人那儿。

半个小时后，围猎开始了。六个人形成一道弧形狙击线，朝小树林里包抄过去。他们不时地相互低声呼应，并用木棒敲击树干。萨索伊其走在中间，不断地调整狙击线。

树林里静悄悄的。一团团松软的积雪，从被人触碰到的树枝上软软地落下来。

萨索伊其紧张地等待两个年轻猎人的枪声，虽然他们已合作过多次，可他还是揪着心。这只公狐狸举世罕见，经验丰富的猎人对此毫不怀疑。要是错过了这个机会，那就再也遇不到这样的狐狸了。

他们已经走到了小树林中间，可枪声还是没有响起。

"怎么回事？"萨索伊其一边从树干间滑过去，一边焦虑地想，"狐狸早就该蹿出来，进入伏击地了。"

终于到了树林边。安德烈和谢尔盖从藏身的小枞树后走了出来。

"没看见狐狸吗？"萨索伊其已经是高声问道。

"没看见。"

小个子猎人一言不发地往回跑，他要去检查一下包围圈。

"喂！到这边来！"几分钟后，他气呼呼的声音传了过来。

大家都朝他走去。

"真是个追踪兽迹的好猎人！"小个子恼怒地朝年轻猎人低声说，"你们说过，没有看见出林子的脚印。可这是什么？"

"兔子的脚印。"谢尔盖和安德烈异口同声地回答，"难道我们会不知道吗？刚才我们用旗子围树林的时候，就发现了。"

"那兔子脚印里头呢，兔子脚印里头是什么？我早就对你们这两个傻小子说过：这是只狡猾透顶的狐狸！"

两个年轻猎人看了老半天，才分辨出，在兔子长长的后脚印里，隐隐约约地还可以见到其他野兽的脚印：比兔子的后脚印更圆、更短。

"难道你们不知道，狐狸为了隐藏自己的脚印，常常踩着兔子的脚印走？"萨索伊其心头的火直往上冒，"你们看，它一步步都踩在兔子的脚印上。你们这两个木头人！白白浪费了多少时间！"

萨索伊其命令人们把小旗子留在原来的地方，自己先顺着脚印跑过去。其余的人默默地紧跟在后面。

等进了灌木丛，狐狸脚印和兔子脚印分开了。他们顺着清晰的、绕来绕去的脚印走了好久，解开了狡猾的狐狸设下的众多圈套。

在淡紫色的云上，暗淡的冬季的日光即将燃尽。大家都垂头丧气：白白辛苦了一天。脚上的滑雪板都变得沉重起来。

突然，萨索伊其站住了。他指着前面一片小树林，轻声说：

"那只老狐狸就在这儿。往前五公里都是田野，像一张光溜溜的台板，既没有树，也没有小宽沟。狐狸要跑过这样一大块空地，是很危险的。我敢拿脑袋担保，狐狸肯定在这里。"

两个年轻猎人的疲劳感一扫而光。他们把枪从肩上取了下来。

萨索伊其安排安德烈和三个赶围人，从小树林右面包抄过去；谢尔盖和两个赶围人，从小树林左面包抄过去；大家一同进小树林。

等他们走了之后，萨索伊其悄悄地溜到树林中间。他知道，在那里有一块不大的林中空地。狐狸绝不会跑到无遮无拦的空地来。但是，无论它从哪个方向横穿小树林，都无法避免跑过空地的边缘。

一棵高大的枞树矗立在空地的中央。它的粗大茂密的树枝，支撑着近旁一棵枯死的枞树那倾倒的树干。

萨索伊其突然想到，他可以顺着倾倒的枯树，爬到大枞树上：居高临下，不管狐狸往哪儿跑，他都可以看得一清二楚。空地周围只生长着低矮的枞树，兀立着光秃秃的白杨和白桦。

但是，这位老练的猎人，立刻放弃了这个念头。他想：当他爬树的时候，狐狸早就逃掉十次了。而且从树上开枪，也不方便。

萨索伊其在枞树旁停了下来，站到两棵小枞树之间的一个树桩上，推上双筒枪的枪机，开始小心翼翼地朝四周张望。

几乎同时从四面八方传来了赶围人低低的呼应声。

萨索伊其确切无疑地知道，那只价值不菲的野兽一定在这里，一定在他旁边，随时都可能出现。可是当一团棕红色的毛皮在树干间一闪而过的时候，他还是打了个寒战。出乎他意料的是，那野兽径直窜到空旷的地上了，萨索伊其差一点儿开枪。

不能开枪：那不是狐狸，是一只兔子。

兔子蹲在雪地上，耳朵惊恐地抖动着。

人声从四面八方越传越近。

兔子跳进了密林，消失不见了。

萨索伊其又全神贯注地守候着。

突然枪声在右边响起。

打死了？还是打伤了？

紧接着，第二声枪响从左边传来。

萨索伊其放下了枪。他想：不是谢尔盖，就是安德烈，反正总有一个人打死了狐狸。

几分钟之后，赶围人走到空地上来了。谢尔盖和他们在一起，神情尴尬。

"没打中？"萨索伊其皱着眉头问。

"因为在灌木后面……"

"唉……"

"在这儿呢！"从背后传来安德烈欢快的叫声，"看来，它还是没逃掉啊！"

年轻的猎人走过来，把一只……死兔子，扔到萨索伊其脚跟前。

萨索伊其张开嘴巴，什么也没说，又合拢了。赶围的人疑惑不解地看着这三位猎人。

"好啊！祝你满载而归！"后来，萨索伊其终于心平气和地说，"现在，大家回家吧！"

"那么狐狸呢？"谢尔盖问。

"你看见狐狸了吗？"萨索伊其反问。

"没有，我没看见。我打的也是兔子，兔子躲在灌木后面，因此……"

萨索伊其只把手挥了挥，说："我看见了：狐狸让山雀带到天上去了。"

当大家离开小树林的时候，小个子猎人落在了同伴们的后面。这会儿还有足够的光亮，可以看清楚雪地上的脚印。

萨索伊其缓慢地、走走停停地绕着空地转了一圈。

狐狸和兔子进入小树林的脚印，清晰地印在雪地上，萨索伊其仔细地观察着狐狸脚印。

没有，狐狸并没有一步步地踩着自己原先的脚印往回走。况且，这也不符合狐狸的习惯。

兔子和狐狸的脚印都没有离开小树林。

萨索伊其坐在小树桩上，双手捧着头，冥思苦想起来。最后，一个很平常的想法钻入他的脑海：也许这只狐狸在小树林里钻了个洞，就躲在洞里。刚才猎人完全没有想到这一点。

可是，当萨索伊其产生了这个想法，抬起头来时，天已经黑了。在黑暗里，他根本看不见这只狡猾的野兽。

萨索伊其只好回家去了。

萨索伊其可不是那种解不开野兽给人设置的难解之谜的人。即使那世世代代以来、在各民族传说中以狡猾出名的狐狸，也休想难倒他。

第二天早晨，小个子猎人又来到昨天失去狐狸踪迹的那片小树林。现在，可以看见狐狸离开小树林的脚印了。

萨索伊其沿着脚印走，想找到他直到现在还不知道在哪里的狐狸洞。但是，狐狸的脚印径直把他领到小树林中间的空地上来了。

一行清晰整齐的脚印洼，通向倾倒的枯枞树，顺着树干上去，消失在高大枞树的茂密的针叶枝间。在那离地约八米高的一根宽宽的树枝上，不见一点积雪：雪被睡在这里的野兽擦掉了。

原来昨天老狐狸就躺在守候它的萨索伊其的头上。如果狐狸这种动物会笑的话，它一定会嘲笑小个子猎人，笑得浑身发抖。

不过，经过这一次事件以后，萨索伊其就坚定地相信：既然狐狸会上树，那么它们一定也会大笑不止的。

发自本报特派记者

祖国各地播报

无线电呼唤

请注意！请注意！

我们是列宁格勒《森林报》编辑部。

今天是12月22日，冬至日。现在，我们将举办今年最后一次祖国各地无线电播报。

呼唤冻原带、草原、密林、沙漠、山岳和海洋。

现在正是数九寒冬，今天是一年当中白天最短、黑夜最长的一天。请讲一讲，现在在你们那儿所发生的事。

喂！喂！这里是北冰洋极北群岛

我们这里正是黑夜最长的时候。太阳已离开我们，沉到海洋里去了，在春天降临之前，它再也不会升起来了。

冰雪覆盖海洋。在我们岛屿的冻原带上，也是漫天冰雪。

还有什么动物留在我们这里过冬呢？

海豹住在海洋的冰底下。当冰还是薄薄一层的时候，它们就在冰里凿了通气孔，并尽量使通气孔保持畅通，一有薄冰堵住通气孔，立刻用嘴打通。海豹走到通气孔前呼吸新鲜空气，有时也通过通气孔爬到冰面上，休息会儿，睡会儿觉。

这时候，公北极熊会偷偷靠近它们。公北极熊不像母北极熊，它们不冬眠，不躲到冰窟窿里过冬。

短尾巴旅鼠住在冻原带的雪底下，它们挖了条雪下通道，啃埋在雪里的小草。浑身雪白的北极狐用鼻子搜寻它们，把它们从雪下刨出来。

北极狐还可以品尝到野味：冻原带鹧鸪。当冻原带鹧鸪钻进雪里睡觉的时候，嗅觉灵敏的小狐狸，可以毫不费力地悄悄走过去抓住它们。

除此之外，我们这儿冬天就没有其他的飞禽走兽了。就是北方鹿，一到冬天，也千方百计离开群岛，沿着冰走到密林去。

这儿一直是夜晚，黑沉沉的。没有太阳，我们怎么看东西呢？

原来我们这里即使没有太阳，也经常是亮堂堂的。首先，有月亮的时候，月光很耀眼。其次，我们这里经常出现北极光，在天空熠熠闪烁。

这种令人心醉神迷的光，不断变幻着色彩，一会儿像条飘动飞舞的宽带，朝着北极方向在空中铺展开来；一会儿像瀑布似的直泻而下；一会儿又像根柱子或像柄剑似的腾空升起。洁白无瑕的白雪，在北极光下熠熠生辉，光芒四射。天空变得几乎跟白天一样明亮。

天寒地冻吗？是的，真正的数九寒冬。刮大风。还有暴风雪。暴风雪那个猛啊，我们已经一连七天不能从被雪埋住的屋里往外探头了。但是，什么也吓不倒我们苏维埃人。我们每年越来越深入地向北冰洋挺进。勇敢无畏的苏维埃北极探险队员，甚至早就开始研究北极了。

这里是顿涅茨草原

　　我们这儿也在下小雪。这对我们没什么影响，我们这儿的冬天不长，也不太冷。甚至并非所有的河流都结冰。野鸭从各个湖泊飞到这里，不想继续南飞了。白嘴鸦从北方飞来，逗留在各个乡镇、城市里。在这儿它们要吃的东西应有尽有，它们可以一直住到明年3月中旬，然后飞回家、飞回故乡去。

　　在我们这儿过冬的，还有来自遥远的冻原带的小客人：雪鹀（铁爪鹀）、角百灵、个儿很大的白色极地猫头鹰。极地猫头鹰白天出来觅食，要不然，它夏天在冻原带上怎么过呢？夏天的冻原带总是白天，没有黑夜。

冬天，在空旷的、白雪皑皑的草原上，人们没有活儿可干。但是，在地底下，我们要干的活儿可多啦：在深邃的矿井里，我们用机器挖石煤，用电力升降机把煤送上地面，用长长的火车把煤运往全国各地，送到大大小小的工厂。

这里是新西伯利亚原始森林

原始森林里的雪越积越厚。猎人们乘着滑雪板，一群群地前往原始森林。他们乘着轻便雪橇，雪橇上载着生活必需品。莱卡犬在他们前面奔跑，它们都长着蓬松的卷尾巴，有一双竖起的尖耳朵。

原始森林里住着数不清的淡蓝色灰鼠、珍贵的黑貂、毛茸茸的猞猁、兔子、高大的驼鹿、棕黄色的鸡貂（用鸡貂毛可制成最好的画笔）和白鼬。从前用白鼬皮给沙皇做斗篷，现在用白鼬皮给孩子们做帽子。森林里还住着数不清的火红色的火狐和棕黄色的玄狐，美味可口的榛鸡和松鸡。

熊早已在隐秘的熊洞里睡着了。

猎人们在原始森林里一住就是好几个月，在那里的小木屋过夜。冬季的白天很短，他们忙着设置陷阱捕捉各种飞禽走兽。这时，他们的莱卡犬就在原始森林里跑来跑去，东闻闻，西看看，不时侧耳静听，搜寻松鸡、灰鼠、西伯利亚鼬和驼鹿，或者睡得正香的熊。

当猎人们结伴回家的时候，他们的雪橇上满载着猎物。

这里是卡拉库姆沙漠

春天和秋天，沙漠并不像荒漠，而是生机勃勃的。

夏天和冬天，沙漠里笼罩着死亡。夏天，沙漠里没有东西可吃，热浪滚滚；冬天，沙漠里也没有东西可吃，酷寒逼人。

冬天，飞禽走兽纷纷逃离这可怕的地方。南方明媚的太阳，徒然照耀在这一望无际的、白雪覆盖的平原上，没有动物前来欣赏晴朗的天空。太阳徒然把积雪融化，雪底下反正只有了无生气的沙子。乌龟、蜥蜴、蛇和昆虫，甚至老鼠、黄鼠和跳鼠这类恒温动物，都深深地钻进沙子里，冻僵了，冬眠了。

凶悍的狂风在旷野里游荡，没有谁来阻挡它；冬天，风是沙漠的主人。

不过，风不会永远主宰沙漠。人类正在征服沙漠：开挖灌溉渠、植树造林。以后，即使在夏天和冬天，沙漠也将焕发出活力。

喂！喂！这里是高加索山区

在我们这儿，冬天里，既有冬天，也有夏天；夏天里，也既有夏天，又有冬天。

在我们这儿像卡兹别克山和厄尔布鲁斯山这样的高山上，山峰高傲地直插云霄，即使夏天灼热的太阳，也融化不了山顶的积雪和冰岩。但是冬天的寒气也征服不了受到群山保护的、百花盛开的谷地和海滨。

冬

冬天只能把羚羊、野山羊和野绵羊从山顶赶到半山腰，再往下赶就赶不成了。冬天，山上雪花飘飘，山下谷地里却下着温暖的雨。

我们刚刚在果园里采下橘子、橙子和柠檬，上交给国家。玫瑰在花园里盛开，蜜蜂嗡嗡地飞来飞去。在向阳的山坡上，第一批春花开了：有白中带绿的雪花，有黄色的蒲公英。在我们这儿，鲜花一年四季盛开，母鸡一年四季下蛋。

冬天，当饥饿与寒冷降临的时候，我们这儿的飞禽走兽不用远离夏天的居住地，只需要从山顶下撤到半山腰或者山脚、谷地来，就可以吃得饱，住得暖。

我们高加索收留了多少长着翅膀的客人啊！我们高加索为这些逃避北方酷寒的难民，提供了栖息之地！

苍头燕雀、椋鸟、百灵、野鸭和长嘴巴的勾嘴鹬纷纷飞到这里。

虽然今天是冬至日，是一年中白天最短、黑夜最长的一天，但是明天就将是白天阳光灿烂、夜晚繁星满天的新年了。在我国的北冰洋那端，朋友们连门都出不了：风雪呼啸，冰冷刺骨。可是，在我国的这一端，我们连大衣都不用穿就可以出门，稍微穿点儿衣服就觉得很暖和。我们欣赏着高耸入云的群山、悬挂在纯净空中的细如镰刀的弯月。平静的大海中的波浪，在我们脚下轻轻地拍打着。

这里是黑海

是啊，今天，黑海的波浪轻轻拍打着海岸。在微波的轻抚下，沙滩上的鹅卵石发出低沉的催眠声。细细的月牙儿映照在幽暗的海面上。

暴风雨早已离我们远去。那时，大海波涛汹涌，白浪滔天，狂涛愤怒地冲击着礁石，从远处轰隆隆、哗啦啦地飞溅到岸上。那时是秋天。到了冬天，大风很少来打扰我们。

在黑海没有名副其实的冬天。只是海水稍稍变凉，北海岸旁稍稍蒙上一层薄冰。我们的大海一年四季都热闹非凡：快乐的海豚在海里嬉戏，黑鸬鹚在水里钻进钻出，白色的海鸥在海上飞舞。一年四季，漂亮的大汽船和轮船在海面上来回穿梭，摩托快艇在疾驶，轻便帆船在飞驰。

潜鸟、各种潜鸭和胖嘟嘟的粉红色鹈鹕都飞到这儿来过冬。鹈鹕的嘴巴下面长着个盛鱼的大肉袋。在我们海上，冬天并不比夏天寂寞。

这里是列宁格勒《森林报》编辑部

你们看，在我们苏联有各种各样丰富多彩的春天、夏天、秋天和冬天。这是我们祖国的春夏秋冬，都属于我们伟大的祖国。

请你自己选择一个心仪之处吧！无论你走到哪里，无论你在哪儿定居，等待你的都将是锦绣河山和独特的工作：研究和开发我国国土上的新美景和新资源，从而建设更美好的新生活。

我们今年的第四次，也是最后一次祖国各地无线电播报就到此结束。

再见！再见！

明年再见！

打靶场

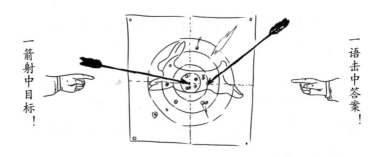

一箭射中目标！

一语击中答案！

第十场比赛

1. 根据日历，冬天从哪一天开始？这一天有什么特点？

2. 哪一种食肉兽的足迹上看不见爪印？为什么？

3. 渔民不喜欢哪些毛皮珍贵的野兽？

4. 冬天，树木还会生长吗？

5. 为什么猎人们最喜欢在下过初雪后打猎？

6. 哪些鸟钻进雪里过夜？

7. 冬天，在田野和森林里，猎人穿什么颜色的衣服最合适？

8．为什么兔子奔跑的时候，后脚印在前脚印的前面？

9．我们这儿的候鸟飞到南方后，在那儿筑巢吗？

10．这雪地上的足迹是哪种动物的？

11．林中什么鸟的眼睛长得靠近后脑勺？为什么？

12．狐狸和艾鼬都不吃哪种小野兽？

13．哪种食肉兽的脚印和人的脚印相似？

14．猎人有时会打到一些兔子，背上带着猫头鹰或鹞鹰的爪痕。这是为什么？

15．这里画着一只被猎人打伤的狍子的脚印。请问，这只狍伤势如何？

16. 一件大袍，没襟没纽，空中乱舞。（谜语）

17. 似马不是马，只在野外窜，总也不回家。（谜语）

18. 在雪地上奔跑，从不留下足迹。（谜语）

19. 门口有个怪老头，看到热气全带走；自己从不停留，也不让别人逗留。（谜语）

20. 不用斧头不用钉，不用楔子不用板，谁能在河上造座桥？（谜语）

21. 像钻石一样晶莹剔透，价格却不贵重；从哪里来，还回到哪里去。（谜语）

22. 飞呀飞，转呀转，牢骚传遍全世界。（谜语）

23. 种子撒入土中，大饼钻出土里。（谜语）

24. 不用种来不用磨，只要用水泡；上面压块石头，冬季添道菜肴。（谜语）

冬

通　告

第九场锐眼竞赛

这是哪种动物的脚印？

图1：这是哪种动物的脚印？

图1

图2：这又是哪种动物的脚印？是兔子的吗？这是两种兔子的脚印：雪兔和灰兔。哪些脚印是雪兔的？哪些脚印是灰兔的？

图2

图3：这是哪种动物的脚印？

图3

图4：树叶掉光了。请根据树枝和树干认一认，在你面前的都是些什么树？

图4

森林、田野和果园的初级自学教程

　　大家都可以自学。

　　请一边走，一边仔细观察：什么飞禽走兽在雪地上留下了何种足迹。

　　请学会阅读这本伟大的白色的冬书。

请关心森林中那些无家可归、忍饥挨饿的小朋友！

难啊，太难了！冬天，鸣禽和其他小鸟度日如年。它们四处寻找躲避严寒与狂风的住所，但是找不到，于是就被冻死了。

"咕！咕！咕！快来救救我们吧！"

我们现在就去救它们。

给小鸟建个过夜的树洞吧！用枞树枝和干草给田里的灰山鹑搭个小窝棚吧！

给小鸟们开办个免费食堂吧！

邀请贵宾——山雀和鸤 (shī)

山雀和鸤都喜欢吃油脂。当然，不能是咸的，它们吃了咸东西会闹肚子。

在这个对小鸟来说最困难的季节，谁要是想邀请有趣可爱的小鸟到家里做客，欣赏欣赏它们，让它们饱餐一顿，可以这么做：

拿一根小棒，在上面钻一排小孔，把烧熟的猪油或牛油浇进去。等油脂凝固后，把小棒子挂到窗外，如能挂在窗前的树上则更好。

这些快乐的小客人不会让你久等的，为了感激你的招待，它们还会表演各种精彩的节目给你看：在树上转圈、头朝下翻跟头、跳跃以及做其他惊险动作。

诚邀灰山鹑到我们的窝棚来

人们为美丽的灰山鹑，用枞树枝在田里搭了这样的小窝棚。

人们还在窝棚里撒上燕麦和大麦招待它们。

哥伦布

俱乐部

冬

第十个月

广播听众非常熟悉的森林专家基特·韦利卡诺夫请求加入哥伦布俱乐部。他熟知森林的历史及其民间故事。大伙儿建议他自选题目，做一场入会报告。

以下就是他报告的内容：

森林里的游戏和体育运动

全世界的孩子们都是一样的。他们无忧无虑，特别爱玩。为什么无忧无虑呢？因为有父母亲关心他们，让他们吃、喝、睡，然后让他们出去玩，对他们说："在我们大人的照看下，尽情地玩吧。但是叫你的话，要飞快地跑进屋子，因为周围布满了敌人！"为什么不玩呢？

如果大人们没什么烦心事，周围很安宁，大人们也会玩：他们打扑克牌，玩各种纸牌，打多米诺骨牌，踢足球，玩击木游戏①……

野兽的孩子们怎么玩呢？它们模仿大野兽们，学会做游戏。看到大野兽们互相追捕、互相躲藏，小野

---

① 击木游戏指用木棒把对方摆在圈内的木棒击出圈外。——译者注

兽们也相互追逐，玩躲猫猫。看到大野兽们筑巢，保护巢不受敌人的攻击，照看孩子们，小野兽们也模仿着做。不过大野兽们做的一切都是真实的，小野兽们则是假装的。小野兽们都很善良：不相互杀戮，也不相互撕咬。既然吃得饱饱的，就不会发怒。为什么要吃别的小兽呢？因此小野兽们一起玩，是绝对安全、快乐的！

另外，做游戏的时候，所有的野兽都是平等的：现在你抓我跑，抓住后就是我抓你跑；或者我找你躲，然后你躲我找。大野兽们也遵循同一规则，但是在大野兽那儿，狐狸就是狐狸，兔子就是兔子，猫就是猫，它不会跟老鼠互换位子，不可能老鼠戏猫。在动物园的小兽园里，你会看到小狗追小熊，小羊追小狼，小狐狸躲避小兔子，然后又互换角色。它们从不搏斗，无论你是小兔还是小熊，找到你了，你就得爬出来，抓住了就是抓住了。

我听到有个猎人讲述了这么一件事。

春天时他买了只猎犬，它会追兔子和狐狸。一点点大就买来了，后来他把小狗送给了农村里一个认识的集体农庄庄员。在小狗长大之前，一直自由放养。一直到秋末，雪都下过了，他才有空从城里出来，去探望猎犬多戈尼亚——他给它取了这个名字。

冬

猎人来到村子里，在集体农庄庄员家过夜。第二天一大早，就跟多戈尼亚一起去森林。多戈尼亚已经长成了一只大狗，看起来很像只狼。

他们来到林子里，猎人解开了系着多戈尼亚的皮带。它嗖地一下蹿进了密林，十分钟不到，就找到了兽迹，狂吠起来。它把一只兔子往猎人这边撵，猎人打死了那只兔子，放进了包里。猎犬跑进了树林，很快又吠叫起来。不过这次的声音与上一次的不一样：有点儿可笑，像小狗似的一阵阵吠叫……

猎人找到了兽径，是在野兽很少去的地方，在林边，从四周可以把野兽看得一清二楚。瞧，是只狐狸！多戈尼亚吠叫着在追它，狐狸逃进了灌木丛，蹲了下来！多戈尼亚追到灌木丛边，趴下前腿，不时尖叫几声，就像小狗跟人或其他小狗玩耍时发出的叫声。

狐狸一点儿也不害怕，一跃而起，扑向多戈尼亚！猎犬竟然夹起尾巴，逃走了！狐狸跟在后面紧追不舍。猎人站在那里，茫然不知所措！……

多戈尼亚在前面跑，狐狸在后面追。它们没跑多久，狐狸便当着猎人的面，追上了多戈尼亚，轻轻地舔大狗的侧身。

突然狐狸和猎犬都停住了，面对面躺下来，呼呼地喘着粗气，向外吐舌头。这时猎人从树后走了出来，狐狸看到他，立刻跳了起来，逃走了！猎犬跟着狐狸跑，无论猎人怎么叫，都不回头，很快就消失不见了！猎人只得一个人回家。

猎人气愤地向集体农庄庄员讲述了这件事，庄员笑了起来：

"怎么着，生狗的气了？它把野兔给你撵出来了吧？撵出来了。这么说来，它完成了本职工作，也就是说，它有权跟朋友玩一玩了。"

"什么朋友？我告诉你，那是只狐狸！"

"是只幼狐。还在夏天的时候，多戈尼亚跟它遇上了，不知怎么一来就玩得入了迷。小狗通常都这样，两只小兽都很淘气。它们好上了，后来在那个林边又遇见过好多次，一碰到就玩追捕，或者玩躲猫猫。看着它们就觉得开心：跟我们的孩子们玩得一模一样！"

瞧瞧吧，不是所有的野兽都是残暴的，它们之间也存在着快乐的友谊和纯洁的爱情。一位伯伯还讲述了这么一件事。这事发生在白俄罗斯。一只狗每天给灌木丛里的老狼送吃的，就像童话故事里讲的那样。当然，人们跟踪狗送肉的足迹，打死了狼。原来这是只年纪很大的狼，牙齿都掉光了。瞧，本该与狼不共戴天的狗却成了它的朋友，每天给它送吃的。

显然，这已经不是做游戏了！对不起，有点儿跑题了。

全世界的孩子玩的游戏都是一样的：先玩追捕，再玩躲猫猫，还玩围城游戏。一个小孩站在小山上，保护房子，另一个小孩从下面往上冲，尽力设法撞倒他。撞倒以后，就取代了他的位置。小鹿和小羊特别喜欢玩这种游戏，而所有的野兽都喜欢玩追捕和躲猫猫。

野兽们也从事体育运动。不过，它们的体育运动，怎么说呢……与我们的有天壤之别。我们的体育像游戏，我们的竞争是假设的，更多的是为了锻炼身体。但是野兽的竞争是真实的、直接的，甚至是致命的。

百米赛跑：例如，各种跑得快的动物聚集在林中空地上。突然，有人喊了声，"有猎人！"于是枪响了。

兔子急忙以百米冲刺的速度奔跑，四条腿跑得飞快，第一个逃进了树林，创造了惊人的短跑世界纪录！

跳高：你想得到吗？这项体育运动的冠军竟然是体态笨重的麋鹿。在它住所的四周，围着高达2.15米的栅栏。这只庞然大物朝栅栏走近几步，几乎不用助跑，便像只鸟似的飞过了栅栏。

这只"鸟"重达407.255千克。

跳雪：一些森林里的鸡类在雪下过夜。黑琴鸡是这方面的行家里手。白天它们蹲在白桦树高高的树枝上，吃白桦的菜荑花序。太阳一下山，它们一个接一个地翻着跟头跳进了深雪里。它们住在雪洞里，感到很温暖、很舒适。当它们钻进雪里的时候，雪洞就自然形成了。你可以尝试着在这样的躲避处找到它们！

高山障碍跑：雪兔，又被叫作善于滑雪的兔，它的巢筑在山丘的灌木丛下。被狐狸惊醒后，它第一个跑到了山脚。众所周知，雪兔是高山兔里的天才，它的后腿比前腿长很多，所以它在山上跑得飞快。为了逃脱狐狸的追捕，它在陡峭的山坡上三次跨越树桩，翻滚着跃过灌木丛，一个跟头接一个跟头地翻到了山脚……只见一大团雪块。在山下，这团雪块跳了起来，抖落掉身上的雪，便消失在密林里了。

跳水：你们可能会问我"怎么跳水？现在是冬天。江河湖泊都被厚厚的冰雪覆盖住了"。"那冰窟窿是干什么用的？由于河底奔腾的热泉水而尚未结冰的水面，又是干什么用的？"

黑腹鸟与椋鸟差不多大小。它在冰面上蹦蹦跳跳，唱着欢快的歌曲。突然扑通一声，头朝下掉进了冰窟窿里。它在水底奔跑，弯曲的脚爪抵住鹅卵石底，全身披着银色的外衣：这是空气在它身上泛起的泡泡。

它一边跑，一边用嘴抠起小石子，啄食石子下面的水甲虫。它鼓起翅膀，从冰屋顶下面起飞，又从另一个冰窟窿里面飞了出来！

这就是全苏著名的潜冰水冠军——水雀，或者又被叫作河乌。现在即使在我们列宁格勒州，比如在彼得宫，在托克索夫，在奥列杰什河，都能见到它。

空中技巧运动：那些轻盈袅娜、尾巴蓬松的野兽特别擅长这类运动。民间把它们叫作灰鼠，我们把它们叫作松鼠。在绿色的树叶棚顶下，它们进行着各种令人眼花缭乱的表演。

头朝上盘旋上树；

头朝下盘旋下树；

从一棵大树干跳到另一棵大树干；

从摇摇晃晃的细树枝的一端跳到另一端；

从跳台上，即弹性十足的树枝上往下跳。

这些技巧运动员们自己也没料到，会在空中翻跟头，也就是往下跳时不停地翻滚。

松鼠被公认为是阔叶林和针叶林中做这类空中动作的冠军。

地下跑步：鼹鼠是唯一的、名副其实的从事这类运动的高手。鼩鼱在这方面远不如它。鼹鼠的前肢有五爪，掌心向外侧翻转，能快速掘开前面的泥土。它跑步的速度，赶得上它头顶的地面上人走路的速度。

跳伞：灰色的飞鼠是这方面的行家。它的前后肢之间有一层像降落伞一样的皮翼，上面覆盖着柔软的短毛。

飞鼠爬上树梢，突然四肢一蹬，离开树枝，飞行起来。它撑开皮翼，打开了降落伞。它在空中一直飞行了大约二十五米远，才降落在林中空地的矮树枝上。

鸟类接力赛：猎人乘着滑雪板，追踪一群野猪。顺便说一下，你们知道吗？在十月革命前，我们这儿的野猪已经被消灭光了。现在，在狩猎法的保护下，野猪又繁殖起来了。在列宁格勒郊外的树林里，我们也能见到野猪了。

瞧，猎人在追踪野猪，兽迹从田里延伸到了森林里。猎人刚一走近林边，树上的喜鹊就发现了他。虽然他特地穿上了白色的外套，以免在白茫茫的森林里太显眼。

"契克！契克！契克！"喜鹊大叫起来，"猎人怎么来了？契克！契克！契克！"

在林子当中的空地上，在一棵巨大的橡树下，一群小猪刚刚饱餐了一顿美味的橡子，正安稳地躺在雪地上睡大觉。当然，它们没有听见喜鹊焦急的叫唤。

长着蓝翅膀的松鸦听到了喜鹊的叫声。它附和着喜鹊，厉声叫唤起来："弗拉克！弗拉克！"它立刻逃进了密林。

在密林里，棕黄色的北噪鸦也叫了起来："克伊！克伊！克伊！"它那难听的嗓子吼得响极了，正在高大的枞树树梢上打盹儿的黑色大乌鸦听见了。它打了个激灵，立刻加入了这场接力赛：

"克劳克！克劳克！弗拉克！"它声音低沉地吼道。

它的叫声刚落，在橡树下，一只很小的"小鸟"——荨麻蛱蝶又用细细的嗓门儿叫了起来：

"特尔！特尔！特尔！"声音紧贴着沉睡的小猪的耳畔响起。

小猪哼了一声，一跃而起，飞快地朝灌木丛奔去！鸟儿的叫声响极了，猎人隔老远就听见了。他恨恨地吐了口痰，把滑雪板掉了个头，回家了。

在这样一场接力赛之后，任何人休想偷偷靠近野兽！

一场不同寻常的比赛

森林里的冬眠爱好者宣布了一场原创比赛的规则：看谁的冬眠时间最长。

冬眠规则

1. 比赛地点任选，可以爱怎么睡就怎么睡。唯一的条件是必须连续入睡。即使只醒来一分钟，也可判定比赛结束。

2. 允许做梦，可以做梦，也可以不做梦。

3. 全体参赛选手在同一天入睡，即第一场冬雪降临的前一天。

注：选手进入洞穴前，应该注意藏匿踪迹。森林里的野兽能够准确无误地估计冬天的来临。

4. 冬眠时间最长的野兽获得胜利。（因为春天的时间越长，森林里越暖和，越吃得饱。）

参赛选手如下：

1. 熊。在两棵交叉倾倒的枞树下搭建了一只舒适的窝。

2. 獾。在森林中的沙丘上挖了一个很深的、干燥暖和的洞穴。

3. 大耳蝠。又叫大飞鼠。在撒布宁卡河陡峭的岸边，有一个人们挖出的深洞。大耳蝠用后脚爪抵住洞顶，翅膀像块雨披似的把自己包裹起来，倒挂着睡觉。它认为，以这种姿势睡觉最舒服。

4. 幼鼠。在大约一米半高的刺柏丛下，搭建了一只草窝，用一束干苔藓堵住入口。

四个参赛选手在秋季的最后一天，即冬季大雪飘落之前，钻进了各自的洞穴。

第一个违反比赛规则的是幼鼠。

它睡了大约一星期之后，在睡梦中饿得慌……饿醒后，它悄悄地抽掉掩盖出口的苔藓，小心翼翼地探出头朝外望了望，附近一只动物也没有，便偷偷地溜了出来。在同一片刺柏丛下，它还建了只窝，那是个粮仓，里面藏着过冬的口粮。幼鼠在那里饱餐了一顿，又小心翼翼地溜进睡觉的草窝，用苔藓堵住入口，蜷曲成一团，睡着了。它确信，谁也没看见它。它做了个甜美的梦，梦见它赢得了比赛，得到了很美、很美的奖品：整整一公斤方糖。

可是，它第二次醒来之后，刚刚爬出草窝，想再次溜进粮仓，吃点儿东西，就遭到了小兽和鸟儿的哄堂大笑。原来，上次有只小松鼠从树上看到老鼠溜进了粮仓，它把这件事告诉了喜鹊。嗬，请相信，既然喜鹊知道了，那么大家很快也就知道了：喜鹊叽叽喳喳地将消息传遍了整个森林。

幼鼠饿不了多久，毕竟它还小。但是没有办法，比赛规则对大家都是一样的。幼鼠被开除出参赛队伍。

第二个失败的是獾。通常它整个冬天都不会醒来。但这次不知是它体内储藏的脂肪太少，还是融雪天使洞里变湿了，它醒了过来。它忘记了比赛规则，睡眼蒙眬地爬出了洞。当然，它立刻被认定为冬眠结束。

大家本来也想开除熊：为什么它一双浑浊的绿眼睛会不时地从熊洞里往外看呢？可是，熊让大家相信，它其实是睡着的，而且一直在睡，4月份之前它是不会爬出熊洞的。不信的话，可以去问问《森林报》的编辑。

居然熊是真的在睡。不过，最终获得奖品的，不是熊，而是大耳蝠。它倒挂着一直睡到5月份。那时，空中飞舞起长着翅膀的小昆虫，它有东西吃了。

SENLINBAO 森林报

NO.11

〔冬季第二月〕饥寒交迫月

1月21日—2月20日太阳转入宝瓶宫

一年：十二个月的太阳史诗——1月

俗话说得好：1月是走向春天的转折，是一年的开始，是冬季的中心。向往着夏日的骄阳，忍受着冬天的酷寒。到了新年，白天如同兔子似的猛地往前一蹿：变长了。

白雪覆盖着大地、森林和水，周围的一切仿佛都陷入了永不苏醒的、死一般的沉睡中。

每当遇到困难的时候，生命善于巧妙地伪装死亡。花草树木都停止了生长。停止了生长，但是并没有死亡。

在白雪死亡阴影的笼罩下，它们蕴藏着强大的生命力、生长与开花的能力。松树和枞树把种子紧紧地裹在小拳头般的球果里，保存完好。

冷血动物隐藏起来，冻僵了。不过，它们都没有被冻死，甚至像螟蛾这样柔弱的小动物，也没有被冻死，而是躲到了不同的隐蔽所。

鸟的血特别热，它们从来不睡觉。许多动物，甚至连小老鼠，整个冬天都跑来跑去。还发生了一桩怪事，在深雪下面的熊洞里冬眠的母熊，竟然在1月份的酷寒中，产下了一窝闭着眼睛的小熊。虽然它自己一个冬天什么也没吃，却喂奶给小熊吃，一直喂到了开春！

森林中的大事

树林里冰冷刺骨

凛冽的寒风在空旷的田野里游荡，在光秃秃的白桦树和白杨树间飞驰。冷风渗入紧密的羽毛，钻入浓密的皮毛，把血都冻得凝住了。

它们既不能蹲在地上，也不能栖在树枝上，白雪皑皑，脚爪都冻僵了！必须跑着，跳着，飞着，想方设法取暖。

谁要是有暖和舒适的洞穴或鸟巢，有储满粮食的仓库，谁的日子就好过。它可以吃得饱一点，蜷缩成一团，美美地睡上一觉。

填饱肚皮不怕冷

对于飞禽走兽来说，最重要的是填饱肚皮。吃饱后身体内部会发热，使血变得热起来，一股暖流传遍全身血管。皮下脂肪，是暖和的毛皮大衣或羽绒大衣最理想的里子。即使寒气能穿透毛皮，钻入羽毛，也绝对穿不过皮下脂肪。

如果食物充足，冬天就不可怕。可是，动物们冬天上哪儿去找食物呢？

狼和狐狸在树林里走来走去，林子里空荡荡的，飞禽走兽有的躲起来了，有的飞走了。白天，乌鸦飞来了；晚上，雕鸮飞来了，它们在搜寻猎物，可是，找不到猎物啊！

在林子里肚子饿啊，饿极啦！

一个跟着一个

乌鸦最先发现一具马的尸体。

"呱！呱！"一大群乌鸦飞了过来，准备开始吃晚饭。

冬

这时已将近傍晚，天渐渐变黑，月亮出来了。

忽然，从树林里传来叹气声：

"呜咕……呜，呜，呜……"

乌鸦飞走了。一只雕鸮从林子里飞出来，落在马尸上。

它用嘴巴啄着肉，耳朵抖动着，白眼皮眨巴着，刚想美美地饱餐一顿，忽然雪地上响起沙沙的脚步声。

雕鸮飞上了树。狐狸来到尸体前。

只听得咯吱咯吱一阵牙齿响。它还没来得及吃饱，狼来了。

狐狸逃进了灌木丛，狼扑到尸体上。它浑身的兽毛直立，牙齿像把刀子似的剔下一块块马肉，满意得直哼哼，连周围的声音都听不见了。过了一会儿，它抬起头，把牙齿咬得咯咯响，似乎在说："别过来！"接着，又独自吃起来。

突然一声雷鸣般的怒吼在它头顶炸响，狼吓得一屁股坐在地上，赶紧夹起大尾巴，一溜烟跑了。

原来是森林的主人——熊驾到了。

这下子谁也不敢走近了。

黑夜将尽时，熊吃完了饭，睡觉去了。而狼夹着尾巴，一直恭候着呢。

熊刚走，狼就扑到了马尸上。

狼吃饱了，狐狸来了。

狐狸吃饱了，雕鸮飞来了。

雕鸮吃饱了，乌鸦们又聚拢来了。

这时，天边露出了鱼肚白，这一顿免费大餐早已被吃得差不多了，只剩下一点儿碎骨头。

芽在哪里过冬

现在，所有的植物都处于停滞状态。可是它们都为迎接春天，开始发芽做好了准备。

这些芽在哪里过冬呢？

树木的芽，在远离地面的高空过冬。草的芽各有各的过冬方法。

例如林繁缕的芽，在枯茎叶的怀抱里过冬。它的芽绿绿的，还活着；而叶子却早在秋天就枯黄了，整棵草仿佛死了一般。

可是，触须菊、卷耳、石蚕草以及许多其他低矮的草，不仅在雪底下保全了芽，而且还把自己保护得完整无损，准备浑身绿油油地迎接春天。

这么说来，虽然离地不高，这些小草的芽，都是在地上过冬的。

其他草的芽的越冬地就不一样了。

去年生长的艾蒿、牵牛花、草藤、金梅草和立金花，这会儿在地上已不见踪影，只剩下半腐烂的叶和茎。

假如想寻找它们的芽，可以在紧挨地面的地方找到。

草莓、蒲公英、苜蓿、酸模和菁草的芽，也在地面过冬，不过，它们被绿叶簇包裹着。这些草也将绿油油地从雪底下钻出来。其他许多草把芽保存在地底下过冬。鹅掌草、铃兰、舞鹤草、柳穿鱼、狭叶柳叶菜和款冬的芽，在根状茎上过冬；野大蒜和野葱的芽，在鳞茎上过冬；紫堇的芽在小块茎上过冬。

陆上植物的芽，就在上述地方过冬。而水生植物的芽，则在池底或湖底的淤泥里过冬。

小木屋里的荏雀

在忍饥挨饿月里，各种林中野兽和飞鸟，都会往人住的地方靠近。在这里比较容易搞到食物，靠一些废弃物生活。

饥饿战胜了恐惧。这些小心翼翼的林中居民，不再害怕人类。

黑琴鸡和灰山鹑潜入打谷场和谷仓。灰兔跑到菜园里来；白鼬和伶鼬钻进地窖捉老鼠。雪兔跑到村旁的干草垛里啃干草。一只苇雀竟然从敞开的门里，飞进了我们《森林报》记者住的小木屋。它的羽毛是黄色的，脸颊白白的，胸脯上长着黑条纹。它对人毫不理会，只顾动作麻利地啄食餐桌上的食物碎屑。

主人关上门，于是苇雀被俘了。

它在小木屋里住了整整一个礼拜。虽然没人惊扰它，但是也没人喂它，它却一天天地明显胖了起来。它整天在屋里打食吃。它搜寻蟋蟀，搜寻藏在木板缝里的苍蝇，捡拾食物碎屑；晚上就钻进俄式火炕后面的细缝里睡大觉。

几天后，它抓完了所有的苍蝇和蟑螂，就开始啄起面包来。它把所能看见的一切东西，如书、小盒子和木塞子等，都啄坏了。

这时，主人只好打开房门，把这位小不速之客赶了出去。

我们如何打猎

一大清早，我和爸爸一起去打猎。清晨寒气逼人。雪地上有很多脚印，可是爸爸说："这是新脚印。兔子就在不远处。"

爸爸让我沿着脚印走，他自己则守候在原地。兔子如果被人从躲藏处赶出来，总是先转个圈子，然后沿着自己的脚印往回跑。

我顺着脚印走。脚印很多，但是我坚持往前走。很快，我就把兔子赶出来了。它躲在柳树丛下面。兔子惊慌失措地转了个圈子，然后顺着自己原先的脚印跑去。我迫不及待地等待枪响。一分钟过去了，又一分钟过去了。突然，在万籁俱寂中传来一声枪响。我朝枪响的地方跑去，很快看见了爸爸，在离他大约十米的地方躺着一只兔子。我捡起兔子。我们带着猎物回家了。

发自森林记者 维克多

野鼠从森林里出动啦

这会儿，许多林中野鼠的粮仓已经缺粮了。为了躲避白鼬、伶鼬、鸡貂和其他食肉动物，许多野鼠从洞穴里逃了出来。

白雪覆盖着大地和森林。没有东西可吃。饥饿的野鼠大军从森林里出动啦。人们的谷仓处于极度危险中，得时刻警惕着。

伶鼬跟着野鼠走。但是，它们的数量太少了，消灭不掉全部的野鼠。

得保护好粮食，别让啮齿动物洗劫一空！

不用服从林中法则的居民

现在，所有的林中居民都在酷寒下呻吟。林中法则写道：冬天要想方设法逃避饥饿和寒冷，忘掉孵雏鸟的事。夏天，天气暖和，食物充足，那才是孵雏鸟的季节。

可是即使在冬天，只要食物充足，动物也可以不服从林中法则。

我们的记者在一棵高大的枞树上，找到一只小鸟巢。鸟巢搭建在积满雪的树枝上，几只小鸟蛋躺在巢里。

第二天，我们的记者又去了那里。恰逢寒流来袭，大家都冻得鼻子通红。他们往鸟巢里一看，几只雏鸟已经孵出来了，赤裸着身子躺在雪中，还闭着眼睛呢。

这岂不是很奇怪吗？

事实上一点儿也不奇怪。这是一对交嘴鸟筑的巢，是它们孵出的雏鸟。

交嘴鸟既不怕冬天的寒冷，也不怕冬天的饥饿。

一年四季都可以看见这种小鸟成群结队地在树林里飞。它们快乐地打着招呼，从一棵树飞到另一棵树，从这片树林飞到另一片树林。它们一年四季过着游牧生活：今天在这里，明天在那里。

春天，所有的鸣禽都忙于选择配偶，选好地方定居下来，直到孵出雏鸟。

可是即使在这种时候，交嘴鸟依然成群结队地在树林里飞来飞去，无论在哪儿都不会停留过久。

在这群不停飞行的喧闹的鸟群里，我们一年四季都可以看到大鸟和小鸟在一起，似乎它们的雏鸟，是在空中、在飞行途中生下来似的。

在我们列宁格勒，也把交嘴鸟叫作鹦鹉。人们之所以这么叫它们，是因为它们像鹦鹉一样，穿着艳丽的五彩服装，还因为它们像鹦鹉一样，在竿上爬上爬下转圈圈。

雄交嘴鸟的羽毛是深浅不一的橙黄色，雌交嘴鸟和幼鸟的羽毛是绿色和黄色。

交嘴鸟的爪子抓物很有力，嘴善于叼东西。它们喜欢头朝下，用脚爪抓住上面的细树枝，用嘴巴咬住下面的细树枝。

令人惊诧的是，交嘴鸟死后的尸体过多久都不腐烂。老交嘴鸟的尸体可以一直躺上二十来年，连一根羽毛都不掉，一点儿臭味都没有，就像木乃伊那样。

但是最有趣的，是交嘴鸟的嘴。其他鸟都没有这样的嘴。

交嘴鸟的嘴，呈十字形：上半部分往下弯，下半部分往上翘。

交嘴鸟的嘴巴里蕴藏着它全部的力量；它的一切神奇之处，也都可以从这张嘴巴上得到答案。

交嘴鸟刚出生的时候，像其他鸟一样，嘴巴也是直直的。可是等它长大了一些，它就开始啄食枞树果和松果里的种子。因此，它柔软的嘴巴就逐渐呈十字形弯曲起来，而且以后都长成这个样子。这样的嘴巴对交嘴鸟很有利：可以轻而易举地用交叉弯曲的嘴把种子从球果里钳出来。

这样，一切开始变得清晰明了起来。

为什么交嘴鸟一生都在各处森林里游荡呢？

因为它们需要寻找结得最多最好的球果。今年，我们列宁格勒州的球果结得多，交嘴鸟就飞到我们这儿来；明年，北方某个地方球果丰收，交嘴鸟就飞到那里去。

为什么在雪花漫天的冬季，交嘴鸟还唱歌，孵雏鸟呢？

既然四处都是球果、食物充足，它们为什么不唱歌，不孵雏鸟呢？鸟巢里铺着绒毛、羽毛和柔软的兽毛，温暖如春。一旦雌交嘴鸟产下蛋，它就不出巢了。雄交嘴鸟给它打食吃。

雌交嘴鸟孵着蛋、温暖着蛋。等雏鸟钻出蛋壳后，雌交嘴鸟就先把松子和枞树子在嗉囊里弄软，再吐出来喂给它们吃。要知道，松树和枞树上一年四季都结着球果。

交嘴鸟一配上对，就想盖起房子，生育后代，于是它们就离开鸟群，无论这时是冬天、春天还是秋天（人们在每个月里都找到过交嘴鸟的巢）。它们筑好巢，住了进去。等雏鸟长大了，这一家子重新飞入鸟群。

为什么交嘴鸟死后会变成木乃伊呢？

因为它们吃的是球果。大量的松脂蕴含在松子和枞树子里。有些老交嘴鸟，在漫长的一生中，浑身都被松脂渗透了，如同皮靴给涂上了焦油似的。正是松脂让它们死后的尸体永不腐烂。

埃及人也是往死人身上涂松脂，才使死尸变成了木乃伊。

终于定居下来了

深秋时分，熊在一座小枞树密集的小山坡上，选好了造熊洞的地方。它用脚爪抓下细长的枞树皮，运到山上的一个坑里，又从坑上面扔下柔软的苔藓。接着它把坑周围的一些小枞树啃倒，让小枞树像个窝棚似的盖住坑。然后它自己钻进去，安心地睡着了。

可是，一个月还不到，猎狗就找到了熊洞。熊好不容易才从猎人手下逃脱。它只好直接睡在雪地上。但是，即使在这里，还是被猎人找到了，它又是在最后一刻才逃脱。

它第三次藏起来。这回，谁也想不到，该去哪里找它。

到春天时人们才发现，它在高高的树上睡了个安稳觉。这棵树的上半部分树枝，不知什么时候被暴风吹折过，倒着生长，形成一个类似于坑的东西。夏天，鹰把干树枝和柔软的枯叶拖到这里来。孵完雏鸟后，鹰飞走了。冬天，这只在自己的洞里饱受惊吓的熊，竟然爬到这个空中的"坑"里来了。

城市新闻

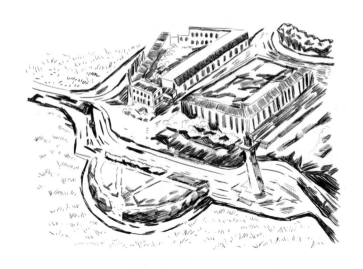

免费食堂

鸣禽们在遭受着饥饿和寒冷的折磨。

心地善良的城里人，在花园里，或者直接在自家的窗台上，给它们开办了免费小食堂。有的人把小块面包和肥肉用线拴起来，挂在窗外。有的人把装着谷粒和面包屑的小筐子放在院子里。

荏雀、白颊鸟和青山雀，有时候还有黄雀、红雀，以及其他许多冬天的小客人，成群结队地光顾这些免费食堂。

学校里的森林角

无论你到哪个学校，都可以看见生物角。各种各样的动物，住在生物角的箱子、罐子和笼子里。这都是孩子们夏天外出旅游时抓来的。现在，孩子们忙得不亦乐乎：必须让所有的住户吃饱喝足，必须按各自的喜好给客人安排住所，还必须看管好每位房客，防止它们逃跑。生物角里住着鸟、兽、蛇、青蛙和昆虫。

在一个学校里，孩子们给我们看他们夏天写的日记。看来，他们收集动物的目的性很明确，不是随便闹着玩的。

6月7日，日记本上写道："我们贴出一幅宣传画，希望大家把收集到的动物，都上交给值日生。"

6月10日，值日生写道：

"杜拉斯带来一只啄木鸟。米拉诺夫带来一只甲虫。

加夫里洛夫带来一条蚯蚓。雅柯夫列夫带来一只瓢虫和一只荨麻上的小甲虫。包尔晓夫带来一只小篱雀，等等。"

日记本上几乎每天都记载着这样的内容：

"6月25日，我们到池塘边玩。我们抓到许多蜻蜓的幼虫和其他小虫子。我们还抓到一只我们急需的蝾螈。"

有的孩子甚至还详细描述了他们抓到的动物：

"我们收集了许多水蝎子、松藻虫和青蛙。青蛙有四条腿，每只脚上长着四个脚指头。青蛙的眼睛乌黑，鼻子像两个小洞。青蛙的耳朵很大。青蛙给人们带来很大的益处。"

冬天，小学生们还凑钱在商店里买了一些不在我们州里生长的动物：乌龟、金鱼、天竺鼠和羽毛艳丽的鸟。你一走进那间房间，就听见房客的尖叫声、啼啭声和哼唧声；房客有的长得毛茸茸的，有的生得光溜溜的，有的长着羽毛。房间像个名副其实的动物园。

孩子们还想出彼此交换房客的办法。夏天，一个学校的学生抓到很多鲫鱼；另一个学校的学生养殖了许多兔子，多得放不下。于是，两个学校的孩子进行交换：四条鲫鱼换一只兔子。

这些都是低年级学生参加的活动。

年龄稍大点儿的孩子，建立了自己的组织。几乎每个学校都组建了少年自然科学家小组。

在列宁格勒的少年宫里，也有一个少年自然科学家小组。各学校都选派最优秀的少年自然科学家参加小组的活动。在那里，少年动物学家和少年植物学家们，学习怎样观察和捕捉动物，怎样照料从野外抓来的动物，怎样制作动物标本，怎样采集、烘干植物并制作标本。

从学年初到学年末，小组成员们经常到郊外，到各地远足。夏天，小组成员全体出发，到远离列宁格勒的地方做科研考察。他们要在那儿住上整整一个月，每个人都分工明确：植物学组成员采集植物标本；哺乳动物学组成员捕捉老鼠、刺猬、鼩鼱、小兔子和其他小野兽；鸟类学组成员寻找鸟巢，观察鸟类；爬虫类学组成员捕捉青蛙、蛇、蜥蜴和蝾螈；水族学组成员捕捉鱼类和所有水族动物；昆虫学组成员捕捉蝴蝶和甲虫，研究蜜蜂、黄蜂和蚂蚁的生活习性。

少年米丘林工作者们，在学校的实验园里开辟了果木和林木苗圃。他们的小菜园，经常获得大丰收。

而且他们每个人都对观察结果和工作进行了详细记录，写在日记本里。

少年自然科学家们非常关注风、雨、朝露和酷暑，关注田野、草地、江河、湖泊和森林的生活，关注集体农庄庄员们所干的农活。他们在研究我国既巨大无比又丰富多彩的生活资源。

在我国，未来的科学家、研究人员、猎人、自然改造者正在成长起来。他们是前所未有的崭新的一代。

树的同龄人

我今年十二岁。在我市的大街上，长着一些槭树，我和它们同岁：少年自然科学家们在我出生的那天栽下了这些树。

你们瞧：槭树已经长得比我高一倍了！

发自谢辽沙

祝你一钓一个准

真稀奇！冬天竟然还有人钓鱼！

冬天钓鱼的人可多啦！要知道，并非所有的鱼都像鲫鱼、冬穴鱼和鲤鱼那么懒：许多鱼，都只在最冷的时候才冬眠；山鲇鱼整个冬天都不冬眠，甚至还产鱼子，在1月、2月产卵。法国有句民间俗语："冬眠冬眠，不吃也饱。"那些不冬眠的，就必须吃饭。

用带着鱼钩的鱼形金属片钓冰底下的鲈鱼，是最简便，也是收获最大的钓鱼法。寻找鲈鱼冬天的居住地是件相当困难的事。在陌生的江河湖泊上钓鱼，只好根据某些共同的特征来判断。大约确定方位后，先在冰上凿几个小洞，试试鱼咬不咬钩。具体特征如下：

如果河流是蜿蜒曲折的，那么在陡峭的河岸下，可能会有个比较深的坑。天冷时，鲈鱼会成群结队地游到这里来。如果有清澈的林中小溪流入江河湖泊，那么在比湖口或河口稍微低些的地方，应该会有个深坑。芦苇只生长在浅水处；在江河湖泊里，从芦苇丛外开始出现凹下去的地方。必须在凹下去的深坑里寻找鱼儿过冬的地方。

钓鱼人用铁杵在冰上凿一个20~25厘米宽的小洞，把拴在细线或棕丝上的带着鱼钩的鱼形金属片，放到冰窟窿里。先直接放到水底，探探水有多深。然后开始用急促的动作，一上一下地拉动钩线，但不要再把钩线垂到水底。鱼形金属片在水里漂浮着，闪着亮光，很像一条活鱼。鲈鱼生怕小鱼从身边溜走，猛扑上去，把金属片连同鱼钩一起吞进肚子里。假如没有鱼咬钩，钓鱼人就换到其他地方，开凿新的冰窟窿。

一般用冰下渔具来捕捉"夜游神"山鲇鱼。冰下渔具指的是一面短短的立网，也就是在一根绳子上系上3~5根线绳（或棕绳），每根线绳之间的间距为75厘米。用小鱼、小块的鱼肉或者蚯蚓，作为鱼钩上的饵食。在绳子的另一头拴个重物，一直垂到水底。水流便把带着饵食的鱼钩，一个接一个地冲到冰下面。绳子的上端拴在一根棍子上。把棍子横放在冰窟窿上，一直放到第二天早晨。

钓山鲇鱼的好处在于，垂钓者用不着像钓鲈鱼那样，在河上等很久，冻得受不了。只要第二天早晨再来一趟，把棍子提起来一看，绳子上已经挂着一条长长的、黏糊糊的大鱼了。这条鱼像老虎一样，长着花条纹，身子两侧扁扁的，下巴上长根胡须。这就是山鲇鱼。

打 猎

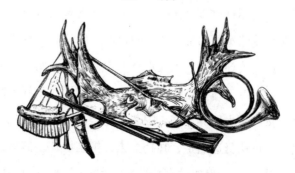

冬天是打狼、熊这类巨型猛兽的好时机。

冬末，是森林里最饥饿的时候。狼饿得胆子都大了起来，成群结伴地四处徘徊，一直走到村子边。熊呢，有的躺在洞里睡觉，有的在森林里闲逛。这些"闲逛熊"，在深秋前只顾着啃尸体、咬家畜，没有为冬眠做好准备，现在只得睡在雪上面。那些在熊洞里受到惊扰，逃出洞的熊，也在闲逛：它们既不回旧洞，也不挖新洞。

打"闲逛熊"时，必须踏上滑雪板，带着猎狗去追。猎狗在深雪里追赶它，一直追到它停下来为止。猎人乘着滑雪板，紧紧跟着猎狗。

打猛兽可不像打飞禽，经常会出现意外：猎物变成了猎人，猎人倒成了猎物。

我们州里打猎的时候，曾经发生过这样的事。

带着猪崽子打狼

这是一种很危险的打猎法。很少有胆大包天的人，敢不带同伴，深更半夜独自到田野里去打猎。

但是，有一天，却出现了这样一个包大胆。他把马套在雪橇上；把猪崽子装在麻袋里，在圆月当空的夜晚，带着枪，向村外走去。

狼常常在附近出没，村民们已经多次抱怨狼的胆大妄为：它们竟然毫不客气地闯到村子里来了。

猎人从大道上拐弯，沿着森林边，悄悄地朝无人走过的雪地走去。

他一手提着缰绳，一手不时地扯一下猪耳朵。

小猪的四只脚被绑住了；它躺在麻袋里，只有头露在麻袋外。

小猪的任务是用尖叫声把狼招引过来。它当然用尽全力尖叫，因为小猪崽子的耳朵很娇嫩，让人一揪，痛不欲生。

狼没让人久等。很快，猎人就看到，树林里似乎点起一盏盏红绿色的小灯。小灯在黑乎乎的树木间不安地从这边移到那边。这是狼的眼睛在闪光。

马嘶叫起来，开始向前冲。猎人勉强用一只手勒住它。另一只手，他得用来不时地扯一下猪耳朵，因为狼还不敢扑向坐着人的雪橇。只有小猪的尖叫声，才能使狼忘却恐惧。

小猪肉是一道多么美味的菜肴啊！当小猪崽子直接在狼耳朵边叫唤的时候，狼就会忘记危险。

狼看清楚了：在雪橇后面，有个麻袋拴在一根长绳上，在高低不平的雪地上蹦跳着。

麻袋里塞满了干草和小猪粪，但是狼以为小猪装在麻袋里，因为它们听到了小猪的尖叫，闻到了小猪的气味。

狼下定了决心。

它们从林子里蹦出来，一起向雪橇猛扑过去：一共有六只，七只，呵，八只高大壮实的狼呢！

在空旷的田野里，猎人从近处望去，觉得狼的块头很大。月光会让人产生幻觉。狼毛在月光里闪烁着，使狼看起来比实际上高大得多。

猎人放开小猪的耳朵，一把抓起枪。

最前面的一只狼，已经赶上那个装着干草的、跳跃的麻袋。猎人把枪瞄准它的肩胛骨下部，扣响了扳机。

那只狼倒栽在地，就地翻滚。猎人朝另外一只狼射出第二枪，但这时马向前冲了一下，子弹打偏了。

猎人用双手紧紧抓住缰绳，费了好大劲才把马勒住。

可是那些狼已经消失在树林里了。只剩下一只躺在雪地里，用后脚乱刨着雪，做垂死前的挣扎。

于是，猎人完全勒住了马。他把枪和小猪留在雪橇上，自己下雪橇去捡猎物。

半夜里，村子里发生了骚乱：猎人的马独自跑回来了，猎人不见了。一支没有弹药的双筒枪，被扔在宽宽的雪橇上；还有一只捆绑着的小猪在哀声尖叫。

天亮了，村民们到田野里去，查看了脚印，方才明白昨天夜里发生的事。

事情的经过是这样的。

猎人把打死的狼扛在肩上，朝雪橇走去。当他走到

雪橇跟前时，马闻到狼的味道，吓得打了个寒战，向前一冲，飞驰而去。

猎人被孤零零地留在雪地里，身边只有死狼。他甚至连把刀都没有；枪也留在了雪橇上。

这时，狼的惊魂已定。它们全体冲出树林，把猎人包围起来。

村民们在雪地上只找到人骨头和狼骨头：那群狼，竟然把自己死去的同伴也吃掉了。

上述不幸事件，发生在六十年前。从那以后，再也没听说过狼攻击人的事。如果狼没发狂，或者没受伤，那么它甚至害怕没带枪的人。

深入熊洞

另外一件不幸的事，发生在打熊的时候。

护林人发现一个熊洞。人们从城里请来一位猎人。他们带上两只莱卡犬，悄悄地来到一个雪堆前，熊就睡在雪堆下面。

猎人按照常规，站到雪堆的旁边。熊洞口总是朝着日出的方向。通常，熊从雪底下窜出来的时候，总是冲向一旁，即冲向南边。猎人站的地方，需要能够射中熊的肋部：它的心脏。

护林人躲到雪堆后面，放出了两只猎狗。

猎狗闻到野兽的气味，怒不可遏地扑向雪堆。

它们的叫声震天响，熊不可能不被惊醒。但是，过了好长时间，它也没发出丁点儿动静。

突然，一只带着长爪的大黑脚掌从雪里伸出，差点抓住一只猎狗。猎狗惊叫着跳开了。

紧接着，熊猛地从雪堆里跳出来，像一堆黑色的大土块。让人措手不及的是，它并没有向旁边冲，却直接扑向猎人。

熊的头低垂着，遮住了胸脯。

猎人开了一枪。

子弹贴着熊的结实的头颅滑过去，飞向一旁。熊的头上挨了这么重重一击，气得暴跳如雷，它把猎人撞翻在地，然后把他压在自己的身子底下。

两只猎狗狠狠咬住熊的屁股，压在它身上，但全是白费力气。

护林人吓得魂飞魄散，一边高声叫喊，一边挥舞着手里的枪，可也是白费劲。这时终归不能开枪，子弹可能击中猎人。

熊用它那可怕的脚掌，使劲一抓，就把猎人的帽子，连同头发和头皮一起抓了下来。

紧接着，它仰面跌倒在一旁，在鲜血染红的雪地上咆哮着打起滚来：原来猎人并没有惊慌失措，他及时拔出短刀，割开了熊的肚皮。

猎人总算捡回了一条性命。一张熊皮挂在他的床头。只是现在他的头上总裹着一条暖和的头巾。

猎 熊

1月27日，萨索伊其从森林里出来后，没有回家，直接去了相邻的集体农庄的邮局。他给列宁格勒一位相熟的医生，同时也是位猎熊专家拍了封电报："找到熊洞。速来。"第二天，回电到了："2月1日，我们将来三个人。"

萨索伊其开始每天去查看熊洞。熊睡得正香。熊洞前的小灌木上，每天都新结上一层霜：这是熊呼出来的热气结成的。

1月30日，萨索伊其查看完熊洞后，在路上碰到了跟他同一个集体农庄的安德烈和谢尔盖。这两个年轻猎人到森林里打灰鼠。萨索伊其本想警告他们，不要到有熊洞的地方去。但又改变了主意：小伙子年纪轻，好奇心强，倘若他们知道了，说不定反而更想去瞧瞧熊洞，逗逗熊。于是他没吭声。

　　1月31日清晨，萨索伊其又来到熊洞旁，他不由得惊叫起来：熊洞给拆毁了，熊也逃走了！一棵松树倒在离熊洞五十来步远的地上。也许谢尔盖和安德烈把灰鼠打死了，灰鼠挂在树枝上，掉不下来了，因此他们砍倒了松树。熊被惊醒，跑走了。

　　两个猎人的滑雪板的滑痕，通向被砍倒的松树的这一边；从洞里出来的熊的脚印，通向被砍倒的松树的那一边。幸亏他们没有看到茂密的小枞树林后面的熊，所以没有去追赶。

　　萨索伊其马不停蹄地顺着熊的脚印追去。

　　第二天晚上，来了两个萨索伊其认识的列宁格勒人：医生和上校。跟他们一起来的第三人，是个身材魁伟、举止傲慢的公民，长着两撇乌黑锃亮的胡须和一把修得很光洁的胡子。

　　萨索伊其第一眼瞧见他的时候，就不喜欢他。

　　"瞧那副傲气十足的样子，"小个子猎人仔细打量着陌生人，心想，"看样子有点儿年纪啦，可还是红光满面的，胸脯挺得像公鸡。头上连一根白发都找不到。"

　　萨索伊其感到最不高兴的，是要在这位体面的城里人面前承认，自己没看住那只熊，放它出了洞，错失了良机。他说，熊的躲藏地已经找到了。没有出树林的脚印。

当然，这会儿它一定睡在雪地上了。现在只有用围猎的办法来抓它。

听到这一消息，那个傲慢的陌生人轻蔑地皱了皱眉头。他什么也没说，只是问道："熊大不大？"

"脚印很大，"萨索伊其说，"我敢保证那只兽至少有两百公斤。"

那个傲慢的人听了，耸了耸跟十字架一样笔直的肩膀，连看都不看萨索伊其一眼，说道：

"说是请我们来掏熊洞，结果只能围猎。赶围人会不会把熊赶到射手跟前啊？"

这种侮辱人的怀疑，刺痛了小个子猎人。不过，他没吭气，只是暗暗想道：

"我们赶是会赶的，不过你可得留点儿神，别叫狗熊把你身上的傲气给赶跑了！"

他们开始讨论围猎计划。萨索伊其提醒道：打这样大的野兽，每个猎人后面，都应该配备预备射手。

那个傲慢的人强烈反对，他说："谁要是不相信自己的枪法，那就不要来打熊。射手后面还跟个小保姆，这像什么话！"

"好个大胆的蛮夫！"萨索伊其心里暗暗想。

但上校却坚决表示，小心总没错，配个后备射手并不会碍事。医生也表示赞同。

那个傲慢的人轻蔑地瞅了瞅他们，又耸了耸肩，说："要是你们害怕，就按你们说的办吧！"

第二天早上，天还黑着，萨索伊其就叫醒三个猎人，然后去召集赶围人。

等他回到小木屋时，那个傲慢的人正把两支枪，从一个蒙着绿丝绒面的小提箱里取出来。这只小提箱小巧轻便，挺像个用来装小提琴的盒子。萨索伊其看得眼睛都亮了：他还从未见过这么好的枪。

那个傲慢的人把枪收拾好，又从提箱里取出闪闪发亮的弹筒，里面装着各种钝头的和尖头的子弹。他一边拾掇着这些东西，一边告诉医生和上校，他的枪有多么棒，子弹有多么厉害；他在高加索怎样打野猪，在远东怎样打老虎。

萨索伊其虽然不露声色，可心里觉得自己似乎又矮了一截似的。他很想凑近一点，仔细瞧瞧这两支好枪，可到底还是没敢央求人家把枪给他看看。

天刚蒙蒙亮，一长队载重雪橇从集体农庄里出来，向树林里进发。萨索伊其坐在最前面的雪橇上，四十个赶围人跟在后面，三位客人走在最后面。

全队在离熊躲着的小树林约一公里路的地方停了下来。猎人们走进一间小土房，点火取暖。

萨索伊其先踏着滑雪板去侦察了一下野兽，然后布置赶围人。

一切正常：熊没有离开包围圈。

萨索伊其安排呐喊的人排成半圆形，站到小树林的一

面；不呐喊的人站到包围圈的两侧。

围猎熊跟围猎兔子不一样，呐喊的人不走进林子里包抄，围猎时一直站在一个地方。不呐喊的人，从呐喊人的两侧站起，一直站到狙击线，以防熊被呐喊的人赶出来时，往旁边窜。他们不能呐喊。要是熊朝他们跑来，他们只能脱下帽子，举着帽子向它挥舞。这么做就足以把熊赶往狙击线了。

萨索伊其安排好赶围的人后，又跑到猎人们那儿，把他们领到狙击地。

狙击的地点只有三个，彼此间距二十五至三十步。小个子猎人必须把熊赶到这条狭窄的、只有一百来步宽的通道上来。

萨索伊其布置医生站到第一号狙击点上，布置上校站到第三号狙击点上，让那个傲慢的城里人站到中间，也就是第二个狙击点上。这里有熊进入树林的脚印。熊从躲藏地出来，经常顺着自己原先的脚印走。

年轻的猎人安德烈，站在傲慢的城里人后面。由于他比谢尔盖更有经验，更沉得住气，所以选中了他。

安德烈充当预备射手。只有当野兽突破狙击线，或者扑上猎人的时候，预备射手才有权射击。

所有的射手都穿着灰色的长袍。萨索伊其轻声下达了最后的命令：不准谈笑，不准抽烟；赶围人开始呐喊后，一动也别动，尽可能让熊靠近一些。然后，萨索伊其就跑到赶围人那儿去了。

过了令猎人们感到厌烦的漫长的半小时，终于传来了猎人的号角声，两声悠长、低沉的音符，瞬间传遍了积雪满地的树林。那声音仿佛久久地回荡在冻结的空气中。

短暂的寂静之后，赶围的人突然一齐呐喊起来，叫的叫，喊的喊，各尽所能。有的用低音发出汽笛声；有的汪汪学狗叫；有的喵喵学猫打架。

萨索伊其吹完号角后，和谢尔盖一起踏上滑雪板，飞快地朝树林里滑去，去做赶熊人。

围猎熊跟围猎兔子不一样。除了呐喊的和不呐喊的赶围人之外，还需要有赶熊人的参与。赶熊人必须把熊从它躲藏的地方赶出来，让它朝狙击手跑去。

萨索伊其根据脚印判断：熊很大。但是，当一个黑乎乎、毛烘烘的大熊脊背，出现在小枞树上方时，他还是不由自主地打了个寒战，糊里糊涂地朝天放了一枪，跟谢尔盖两人异口同声地呐喊起来：

"来啦！来……啦！"

围猎熊跟围猎兔子不一样，准备的时间比较长，真正打猎的时间却非常短。但是由于长久地、焦急地等待，由于时刻感觉得到的危险，所以猎熊时射手们总觉得一分钟像一小时那样漫长。饱尝等待的艰辛，可是等到看见了熊，或者听见邻近的枪声，便明白一切都结束了，用不着你动手了，那心里真不是个滋味。

萨索伊其紧跟在熊后面，拼命想把它赶往该去的地方，可是白费力气：要赶上熊，是不可能的。在深雪里，人要是不穿滑雪板，每走一步都会陷到齐腰深，得费好大的劲才能把脚拔出来。可是熊走起来像坦克，踩毁挡道的灌木和小树。它像只汽艇似的飞速前进，只见两旁扬起两阵高高的雪尘，好像两扇白色的大翅膀。

熊从小个子猎人的眼前消失了。但是，两分钟不到，萨索伊其就听到了枪声。

萨索伊其用手一把抓住离他最近的一棵树，停住了脚下飞速滑动的滑雪板。

就这么结束了？熊被打死了？

但是，仿佛回答他无言的提问似的，传来了第二声枪响，接着是一声夹杂着惊慌与痛楚的绝望的惨叫。

萨索伊其拼命向前，向狙击手滑去。

他跑到中间那个狙击点时，上校、安德烈和脸色像雪一样苍白的医生，正抓着熊皮，把熊从躺在雪地里的第三个猎人的身上抬起来。

原来是这么回事。

熊顺着自己进树林时的脚印，直接跑向中间的狙击点。猎人没能沉住气，在熊离他还有六十步远的地方，就开了枪。本来应该等熊跑到离他十至十五步远的时候，再射击。别看大熊的动作笨拙，跑起来却快得不可思议。所以，只有在这么近的距离下开枪，才能射中它的头或心脏。

从猎人的好枪里射出去的子弹，击穿了熊的左后腿。熊痛得发狂，朝射手猛扑过来。

猎人慌了神，竟忘了枪膛里还有一粒子弹，也忘了身

旁还有一支备用枪。他把枪一扔，转过身想逃跑。

熊照准欺负它的那个人的脊背，拼命一击，把他掀翻在雪地里。

预备射手安德烈可没闲着，他把双筒枪直接插进了野兽张开的嘴巴里，双机齐扳。

可惜双筒枪卡壳了，只轻轻地吧嗒了一声。

站在旁边的第三个狙击点的上校看见了这一切。他看到同伴已是死到临头，知道自己该开枪了。但是他也知道，万一打偏了，就有可能打死同伴。上校单膝跪下，瞄准熊的头，开了一枪。

那只巨兽，挺直整个上半身，在空中僵立了片刻，然后轰然倒在躺在它脚下的猎人身上。

上校的子弹，击穿了熊的太阳穴，叫它顷刻送了命。

医生跑了过来。他和安德烈、上校一起，抬起死熊，想把它身底下的猎人救出来：也不知那猎人死了没有！

正在这时，萨索伊其赶到了，急忙上前帮忙。

沉重的兽尸被抬开了。把猎人扶了起来。猎人还活着，而且安然无恙？虽然脸色像纸一样苍白。熊还没来得及掀去他的头皮。但是，这会儿这个城里人不敢抬头看大家了。

大家把他扶上雪橇，送到集体农庄。他在那儿稍稍缓过神来。无论医生怎样劝他住一夜，劝他休息好后再上路，他都不听，竟然拿着熊皮就上车站去了。

　　"是啊，"萨索伊其讲述完这件事后，又若有所思地补充道，"我们疏忽了一点，不应该把熊皮给他的。现在，他准把熊皮挂在客厅里，炫耀是他打死了熊。那只熊大约有三百公斤呢……真是只吓人的大熊。"

发自本报特派记者

打靶场

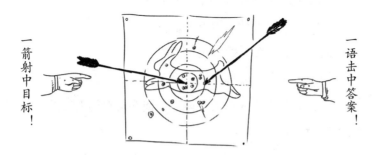

一箭射中目标！

一语击中答案！

第十一场比赛

1. 什么野兽更加怕冷：小野兽还是大野兽？

2. 瘦熊还是胖熊躲到洞里冬眠？

3. "狼靠跑得快活命"是什么意思？

4. 为什么冬天砍的木头比夏天砍的珍贵？

5. 如何根据被砍断的树桩推测这棵树的年龄？

6. 为什么但凡猫科动物（家猫、野猫和山猫）都比犬科动物（狼和狐狸）更爱干净？

7. 为什么冬天鸟兽都离开树林，靠近人类居住的地方？

8. 所有的白嘴鸦都飞离我们，到其他地方去过冬吗？

9. 冬天，蟾蜍吃什么？

10. 人们把哪种兽叫作"流浪兽"？

11. 蝙蝠飞到什么地方去过冬？

12. 冬天，兔子都是白色的吗？

13. 什么鸟，雌鸟比雄鸟个子更大更有力？

14. 为什么交嘴鸟的尸体，即使在炎热的天气下，也长期不腐烂？

15. 有个小矮人，头戴白帽子；不用毛毡做，不用线来缝。（谜语）

16. 我像沙粒一样细小，却铺满了整个大地。（谜语）

17. 一只小球，滚进桌下；伸手去抓，两手空空。（谜语）

18. 夏天闲逛，冬天休息。（谜语）

19. 猪大妈，穿针引线做活计；针线穿过牛皮，穿过羊皮，做成了一件好东西。（谜语）

20. 一个庄稼汉，带着会叫的，去找会吼的；要不是有会叫的，他准被会吼的给咬死。（谜语）

21. 一个俏姑娘，穿着红衣裳；关在地牢里，辫子拖

在外。（谜语）

22．一个老太太，坐在菜地里，补丁缀满身。（谜语）

23．不用裁来不用缝，褶皱一层层；不用扣来不用系，外衣套外衣。（谜语）

24．圆圆的，不是月亮；绿绿的，不是树叶；长着尾巴，不是老鼠。（谜语）

通　告

第十场（最后一场）锐眼竞赛

自己读，自己讲

请读一读，并讲一讲，这里发生过什么事。

冬

请关注那些无家可归、饥肠辘辘的朋友！

在这饥寒交迫、暴风雪肆虐的月份里，请关注那些弱小无助的朋友——鸟儿们。

记得每天送点儿食物到鸟儿的免费食堂去（参阅第九期和第十期通告）。

请给鸟儿准备一些小小的栖身之地：椋鸟房、山雀窝和树洞巢（参阅第一期和第二期通告）。

给灰山鹑搭几只窝棚（参阅第十期通告）。

联合同学和熟人，组建一支饥鸟救护队。

有的给点儿谷粒，有的给点儿猪油，有的给点儿浆果，有的给点儿面包屑，有的可以找一些蚂蚁卵。

小鸟能吃下多少东西呢？

你只要施以援手，就能救下许多鸟儿，使它们免于饿死！

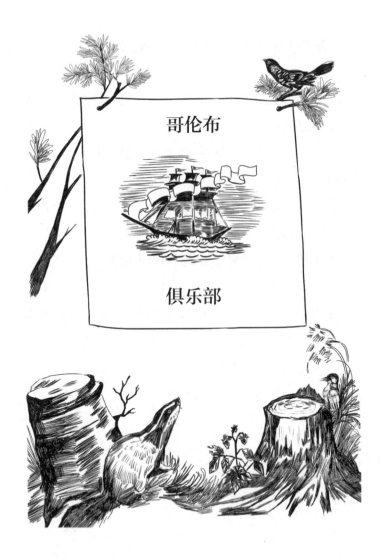

哥伦布

俱乐部

冬

第十一个月

在哥伦布俱乐部的门上，贴着一张彩色告示：

2月12日20点30分俱乐部将在此举办模拟审判，凭俱乐部发的票入内。

哥伦布俱乐部的全体成员和许多受到邀请的《森林报》读者，在指定的时间来到了俱乐部。几乎每个人都穿着西服，戴着各类野兽和鸟儿的假面具。他们坐满了旁听席上的位子。

在审判桌后面摆着三张宽大的椅子，椅子暂时还空着。中间那张椅子上贴着张字条：主审法官。

旁边两张椅子上贴着小一点儿的字条：树木学法官、林业法官。

在椅子上方的墙上，左边贴着字条：记录员；右边贴着字条：报告人。在报告人后面摆放着辩护方的椅子，在记录员后面摆放着原告的椅子。被告的椅子放在审判桌前，几乎紧挨着观众席。椅子两旁坐着两个戴着假面具的人，他们分别扮成了听觉灵敏的莱卡狗和红色的塞特狗。突然他们站了起来，高声叫道：

"全体起立！法官入场！"

大家站了起来。三个中年学者走进房间，分别在椅子上就座。著名的《森林报》编辑、生物学博士、主审法官伊万诺夫走向主席椅，两个留着大胡子的男人则坐到了其余的两张椅子上。大法官宣布：

"原告是总检察长普·哈·雷列奥–卡尔普。"主审法官坐了下来。

希格利特、斯拉维米尔和安德烈三人都没有戴面具，他们神情庄重地坐到了辩护席上。原告闯进了法庭，双手提满了东西；一大串铁的捕兽夹子和捕兽器，肩上背着双筒猎枪，口袋里装着弹弓。他把一大堆捕兽夹子和捕兽器倒在地上，转向法官，说："我刚从森林里回来！"听众们理解，他需要解释一下，为什么这些本应在森林里的他人的"物证"，会被他收取并带到法庭上来。他把枪和弹弓放到捕兽夹子上，一屁股坐到了座位上。

法官马上宣布：

"首先审理灰鼠、五彩啄木鸟和交嘴鸟侵吞自然资源，即松树和枞树的种子基金——球果案。由普·哈·雷列奥–卡尔普起诉。警卫，带被告！"

莱卡狗和塞特狗立刻站起来，不一会儿就带进来三名化好装的被告：长着毛茸茸尾巴的灰鼠，五彩啄木鸟，它戴着粉红色的帽子，穿着鲜红的裤子，以及橘红色的交嘴鸟，它的嘴巴奇妙地交织在一起。警卫让被告坐在椅子上。

这时检察官站了起来：

"法官先生，同志们！请看看这些违法者，这些大寄生虫！一个夏天和冬天就偷窃了几千公斤的大自然财富！这三位都是在犯罪现场被我当场抓获的。它们有的用嘴、有的用牙齿从枞树和松树上扯下球果，抠出种子，厚颜无耻地吞食种子。灰鼠撬开球果，它的牙齿像凿子一样锋利；啄木鸟的嘴巴像钻头一样坚硬；而交嘴鸟的嘴像一把神奇的万能钥匙，是专门的偷窃工具。灰鼠能把整整一只大球果啃得只剩下核。啄木鸟专门建造了一个加工场，把球果塞进'车床'里，用'钻头'进行加工，然后扔到地上，又开始加工新的一只。交嘴鸟接连不断地剥开一只又一只球果，只吃两三粒果籽，而且还用像剪刀一样锋利的嘴巴剪树上的球果，扔到地上。这是一种很不道德的行为：应该彻底利用，而不应该浪费国家财产……瞧它是怎么干的！到处乱扔人民财产！交嘴鸟整年都在林子里，无论夏天还是冬天都扯树上的球果。啄木鸟和灰鼠本来可以只吃干球果，一棵树的果子就够它们吃的了。可它们偏不干！它们偷吃种子，吞食森林的后代，真是大恶棍！

"三个被告给枞树和松树林的球果储存带来多大危害啊，而枞树和松树是我们热爱的祖国的骄傲。考虑到上述因素，我请求判决灰鼠、交嘴鸟和啄木鸟最高刑罚——死刑！"

法庭里响起一阵低沉的、惊慌失措的交头接耳声。

画家希格利特跳了起来，举起手问法官：

"可以发言吗？"

法官点点头。

"同志们！"希格利特对听众们朗声说道，"这太可怕了！太可怕了！我简直不敢相信自己的耳朵。普·哈·雷列奥-卡尔普是如何诬蔑这些未知之地上的本土居民的？把它们统统枪毙？那么他想留下谁？请你们看一看，灰鼠长得多么漂亮，多么可爱，它们的动作多么优雅！要猎杀美丽的灰鼠，把它们做成银灰色的鼠皮大衣？要猎杀橘红色的、神奇的交嘴鸟？它长着一只多么好玩的嘴巴啊。要猎杀啄木鸟？它仿佛是童话中的鸟，嘴巴大大的，戴着深红色的帽子，穿着粉红色的裤子。简直是疯了！难道仅仅因为这些美丽可爱的鸟吃了一些球果种子，就有人嚼舌头要判它们死刑？就要举起手射杀它们？"

"等一等，我来说两句。"斯拉维米尔请求道。

希格利特坐了下来。诗人激动地朗诵道：

> 灰鼠、交嘴鸟和啄木鸟
> 都是强大的森林的孩子。
> 原告恶毒地攻击它们，
> 完全是白费力气。

冬

人们小时候，

也要吮吸母亲的奶。

难道他们也要被

送上法庭、接受审判？

"那些热爱鸟儿和野兽的人，把它们看成自己的孩子。可是普·哈·雷列奥–卡尔普仇视鸟兽，把它们看成罪犯。普·哈·雷列奥–卡尔普无权审判它们。我说完了。"

穿着黑衣的检察官讥笑着站了起来，法官没来得及拦住他。

"当然，如果光看它们多么漂亮可爱……"

但是安德烈立刻站起来，从容不迫地说：

"我请求发言。"

他向原告提问：

"今年7月15日，这位女公民在林子里遇见一位带着猎枪和捕兽器的人。请问，那是您吗？"安德烈指了指扮成喜鹊的小女孩。

"千真万确，那就是我！"普·哈·雷列奥–卡尔普鄙视地笑着，清晰地回答道，"她看到了我的猎枪和捕兽器，听见了我的枪声，看见我捕获了这些罪犯。它们今天就坐在这里受审，我是在执行公务。怎么着，您想请求法庭增列喜鹊——这个众所周知叽叽喳喳的搬弄是非者为证人吗？"

安德烈依旧平静地回答："既然你已经坦率地承认了，那就没有这个必要了。"

然后他转向法官："尊敬的法官先生！我的同事斯拉维米尔已经正确地指出，不应该起诉交嘴鸟、啄木鸟和灰鼠利用森林资源。道理很简单，它们都是森林的孩子。请估算一下，每年枞树和松树丢弃多少球果，然后这些球果在地里白白地腐烂掉。你们就会明白，森林里的鸟兽吃掉的球果，只占总数中很少的一部分。

"原告宣传所谓的高尚的道德，指责交嘴鸟浪费国家的球果，没有抠出所有的果籽，没吃完就扔掉。其实恰恰因为这一点，我们应该向交嘴鸟致敬：把几乎完整的球果扔在地上，到了饥饿的冬季，它就成了珍贵的野兽——灰鼠的口粮。要知道，灰鼠皮是我国毛皮产业的基石，每年带来几百万美元的收益。冬天，灰鼠很难爬上结冰的、光溜溜的枞树枝和松树枝摘到球果。因此，灰鼠捡拾交嘴鸟扔在地上的球果，蹲在树墩上吃完它。

"最后谈谈啄木鸟。我们的诗人说，应该热爱动物。只有这样，才能够对它们做出正确的判决。我还想补充一点：不仅要热爱动物，还要了解动物。的确，有一种五彩啄木鸟扯下树上的球果，插入树桩做的车床，用像钻头一样结实的嘴巴凿坏它。但今天坐在这里受审的根本不是那种五彩啄木鸟。我们这种啄木鸟的嘴巴要弱得多，它从不凿球果。那种五彩啄木鸟的翅膀上长着白色的突起，脊背是黑色的，裤子是红色的。而这种白脊五彩啄木鸟是阔叶林的居民，它的裤子是粉红色的，翅膀是黑色的，脊背是白色的。啄木鸟，特别是黑脊啄木鸟，也就是所谓的大五彩啄木鸟，像名真正的医生，叩击病树，用结实的嘴巴凿破原木，啄出树里的幼虫。如果考虑到啄木鸟悄悄带来的巨大好处，那么指责它们侵吞林业资源就显得极其可笑。"

安德烈微笑着向法官们一一鞠躬，坐回到座位上。

当安德烈从容不迫地陈述时，原告如坐针毡，现在他好不容易等到了法官给予他的发言机会。"尊敬的法官先生！恳请你们注意，不应该否认明显的事实！这三个罪犯，破坏的都是珍稀林木。恳请你们记住，松木很适合造房子、桅杆和纸，枞树则是世界上最适合做乐器的木材：可以用来做小提琴！为这些罪犯辩护的人，应该感到可耻。我的话完了。"

"暂时休庭。"主审法官站起来宣布。

当法官们出去商议案情的时候，审判庭里一片哗然。有的人喊："应该判刑！"有的人喊："不应该判刑！"有的人说："又不是你来判决，听法官的。"还有的人问："这个黑衣人是从哪里冒出来的？他是谁？"

法官们走了进来，一片肃静。

生物学博士、主审法官伊万诺夫站着宣布判决：

"听取了对灰鼠、交嘴鸟和啄木鸟反对祖国罪，即侵吞针叶林的种子存储罪的指控，讨论了控辩双方的陈词，由三位科学家组成的生物庭做出以下判决：

"灰鼠、交嘴鸟和啄木鸟的犯罪事实不成立，予以当庭释放。驳回原告的诉讼请求。"

法官们坐了下来，审判庭里静悄悄的。

"现在审理林鼠和红色田鼠啃噬林木案。"

原告站了起来，说：

"尊敬的法官先生！这些美丽的老鼠……我想强调一下：美丽的！"他看着辩护方，挑衅地重复道，"属于世界上危害性最大的啮齿动物家族。夏天，它们偷吃植物的种子，给林木带来数不清的危害。它们在鼠洞里储存了大量的过冬食物，把地下粮仓装得满满的。全世界的人都知道，这些非常讨人喜爱的啮齿动物会啃噬森林、田地，甚至人们的住房，带来极大的危害。我们可爱的、爱心泛滥的男孩女孩们，完全没有必要在这里为它们辩护。尽管林鼠的尾巴长，田鼠的尾巴短，但老鼠毕竟是老鼠！它们都爱咬东西。吁请大家为我的证词做证！

"请在场的动物按顺序上来做证！"

戴着动物面具的人们站起来，很不情愿地朝审判桌走去。报告人拦住他们，要求道：

"排队，排队上来！"

动物们纷纷走到法官面前，陈述道："我很了解林鼠和田鼠。我做证，它们偷吃粮食。"

队伍移动得很快，有狐狸、黄鼬、白鼬、小伶鼬、熊……突然有人喊道：

"小熊，你怎么也来凑热闹了？"

熊不好意思地用熊掌遮住眼睛，回答道：

"经常碰到这样的情况：得从木墩下费力地抓出老鼠。我了解它们……"

接着鸟儿们过来了：有喜鹊、乌鸦、鸷、两只隼——红脚隼和红隼、大耳林枭、灰林鸮、鹰、独脚鸮和雀鸮。

普·哈·雷列奥-卡尔普得意扬扬地说：

"总之，在场的动物都证实，林鼠和田鼠会偷吃粮食，使祖国的林业遭受重大损失。结论一目了然！我请求，宣判被告死刑，可以采取一切手段，比如淹鼠洞，投放鼠药，设捕鼠器和夹子，挖狼坑等。我的话完了！"

三个辩护人尴尬地交换了一下眼色……他们没有请求发言。不过斯拉维米尔从座位上站起来，坚定地说：

"我保留原来的观点。"

听众们窘迫地、闷闷不乐地沉默着，法官们又去开会商议了。

　　他们过了好长时间才回来。法官们回到了座位上。

　　"听取了林鼠和田鼠案，详细讨论了对上述啮齿动物的指控：啃噬树木，使森林遭受无法弥补的损失。由三位专家学者组成的生物庭做出以下决议：

　　"根据科学家的最新研究成果，认为林鼠和田鼠给森林带来的利大于弊。已经查明，这些啮齿动物没有把林木的种子当食物，绝大多数只消灭草籽。森林里的草皮长得很厚，柔弱的小树芽穿不透它们。小树芽刚从土里探出头，立刻被草皮扼杀了。这时上述啮齿动物来帮忙了：啃噬草籽，切断草皮。这样一来，新生的小树芽就可以钻出来了。假如没有这些啮齿动物，我们的森林就会枯死。

　　"生物庭判决：绝对禁止根除林鼠和田鼠。恢复林鼠和田鼠森林公民的资格，当场予以释放。刚刚在我们面前列队经过的那些鸟兽（其实远远不止这些），都说很了解林鼠和田鼠。这足以说明，林鼠和田鼠拥有数不清的敌人，鸟兽吞噬了无数的鼠类！如果人类不想完全消灭这些对森林有益的啮齿动物，不想消灭森林，那么就绝对不能把它们列入被歼灭者的黑名单。"

　　主审法官鞠了个躬，坐了下来。审判庭里爆发出热烈的掌声。

　　现在坐着受审的是硕大的灰色老鹰，森林里所有野兽的天敌——苍鹰。

听众们交头接耳：

"……判这个一点儿也不可惜！"

法官读了份报告：

"7月17日，在长满青苔的沼泽地上，公民普·哈·雷列奥-卡尔普偶然惊动了一窝白松鸡。当时小松鸡长得有妈妈一半多高了，早已开始飞行。它们正要飞进林子里，突然，一只苍鹰如闪电般从林边扑向它们。猎人双筒猎枪里的子弹刚好退出来。当猎人重新装子弹的时候，在猎人的眼皮底下，苍鹰一把捉住小松鸡，逃进了林子里。

"第二天，在同一片沼泽地上，苍鹰又当着猎人的面，抓走了两只受伤的松鸡和一只断了翅膀的小琴鸡。

"这个凶手在夏初还犯下了一桩滔天大罪。当时原告在林子里找到了一窝小松鸡，它们藏在蕨丛里，还长着黄毛呢。松鸡妈妈想把猎人从孩子们身边引走，像它们经常做的那样。它落到地上，慢腾腾地走着，耷拉着翅膀，假装受伤了。猎人用木棒戳它，想让它飞起来。松鸡妈妈假装飞不动了。躲在树上的苍鹰瞅准这个机会，猛地扑向松鸡，抓住了它的背。失去母亲后，六只小松鸡也不见了。"

法官读完后，普·哈·雷列奥-卡尔普站起来，咄咄逼人地说：

"案情很清楚，我不用再做陈述了。"

辩护人一个接一个地站起来。他们依旧是三个人，但在这件有关野禽的案例中，猎人尼古拉替代了安德烈。他们拒绝为被告辩护，不过尼古拉说了句：

"我恳请法官先生回忆一下，谢尔盖·亚历山德罗维奇·布图尔林讲给我们大家听的有关挪威的白松鸡和苍鹰的故事。"

主审法官、生物学博士伊万诺夫默默地朝他点了点头。法官们站起来，离开了审判庭。

这次他们离开的时间最长。最后，他们终于回来了。

主审法官没有照本宣读判决。他说：

"在宣判苍鹰杀死五只动物案之前，本庭想向猎人尼古拉表达谢意。在本案中，他是辩护团的成员。他的发言对本庭异常珍贵。如果没有他的提醒，那么我们三个人直到现在还在讨论，不知该得出什么结论。

"请允许我先向各位通报一下，猎人尼古拉提醒我们的内容。顺便说一下，所有的猎人都特别痛恨苍鹰。因为猎人们特别珍惜针叶林里的野禽，而这只猛禽恰恰是歼灭它们的专家。

"在被告生死存亡的危急关头，猎人尼古拉勇敢地提到了我们杰出的鸟类学家谢尔盖·亚历山德罗维奇·布图尔林讲述的故事。这个白松鸡的故事发生在挪威——我们的邻国。

"布图尔林给我们讲述的是这样一个故事。

"在挪威的山地冻原带有许多白松鸡。捕猎白松鸡是当地居民的一项副业。在那里，白松鸡唯一的天敌是苍鹰。许多白松鸡，特别是小松鸡，惨死在苍鹰的魔爪下。于是，挪威人杀死了所有的苍鹰。可是，几年之后，他们不得不从我们这儿进口苍鹰。因为猛禽消失后，它的牺牲品也开始迅速消失。

"乍看起来，这很荒谬，很荒诞。仔细想一想，这一点儿也不荒诞，是符合规律的。

"当然，猛禽捕获的是体弱多病的白松鸡。苍鹰很难抓获强健的、飞得快的、机警的白松鸡，但很容易抓获那些瘦弱的、粗心大意的白松鸡。因此，苍鹰被消灭后，就没有猛禽来捕捉那些老弱病残的白松鸡。于是，疾病开始在白松鸡群里蔓延，松鸡的数量迅速下降。正如俗话所说的：'狗鱼在海里，是为了让鲫鱼不打盹儿。'

"因此，由三位专家组成的生物庭做出如下判决：

"首先，既不判处苍鹰死刑，也不判它无罪。

"其次，立刻将原告普·哈·雷列奥-卡尔普羁押，追究他侵吞国家自然资源的严重犯罪行为。"

案情出乎所有人的意料。所有在场的人都张大了嘴巴，一时间人们弄不明白，到底发生了什么事。

原告立刻利用了因出其不意引起的混乱：他高大的黑色身影马上向门口闪去。塞特狗和莱卡狗放出苍鹰，一起去追逃犯，但是晚了一步。逃犯叫了声："没有当场被抓住，就算不上小偷！"便砰的一声带上门，逃走了。

当主审法官平静的声音再次响起时，审判庭里的人们才恍然大悟。

"公民们，不用担心，他跑不掉的。这个穿着黑衣服、戴着黑面具的人，指控所有的动物，其实他才是最大的罪犯。你们注意到没有，他是如何露出马脚的？

"他亲口证实了喜鹊的供述：在7月15日带着猎枪和捕兽器出现在林子里。那时正是夏天最热的时候，禁止捕猎鸟兽。他起诉鸟儿，指控它们犯了死罪，却分不清两种五彩啄木鸟。他听说'鼠有害'，却不愿花力气搞明白，哪些鼠、在什么地方、在什么情况下有害。为什么在7月17日，那时正是禁止打猎的时候，他会在长满青苔的沼泽地里惊动了一窝白松鸡，而他双筒猎枪里的子弹恰好偶然地退出来？第二天，他又把一只断了翅膀的小琴鸡和两只受伤的白松鸡送给了苍鹰。最后，他自己也承认，试图用木棒打死雌松鸡，当时雌松鸡正想把他从孩子们身边引走。

"应该揭露这个黑衣坏蛋，揭穿他使用的化名。正像我的椅背上的三个字母Д·Б·Н的意思是'生物学博士'，他姓前的两个字母 Π·X 的意思是'坏蛋'，他的双重姓'雷列奥–卡尔普'的意思是'盗猎者'！他是最卑鄙、最可怕的敌人，是最愚蠢、最顽固的国民经济的破坏者，虽然他装扮成最热心的国民经济的捍卫者。

"诗人说得对！假如把他的第一行诗扩充一下，就可以大胆地说成：

> 猛禽、啮齿动物和啄木鸟
> 都是强大的森林的孩子。
> 原告恶毒地攻击它们，
> 完全是白费力气。

"森林好比父亲，所有森林里的动物和植物都是它的孩子。它们之间的关系错综微妙，牵一发动全身。好比一间用纸牌搭建的轻便房子，只要挪动一张牌，顷刻间，房子就会失去平衡，曾经的美丽化为乌有。热爱森林，热爱它的孩子们，有助于认清它们之间巧妙的相互关系，深入理解森林生活的复杂规律。没有爱心的人，是无知的人。盗猎者不热爱森林的孩子们，因此也不了解它们。他冷酷无情，是真正的人渣。没有一只野兽能像盗猎者那样，给森林带来那么大的损害。

"本庭宣判：将盗猎者押上被告席！"

SENLINBAO 森林报

NO.12

〔冬季第三月〕苦等春天月

2月21日——3月20日太阳转入双鱼宫

冬

一年：十二个月的太阳史诗——2月

2月是冬蛰月。2月，狂风暴雪尽情扫荡；风在雪地上飞驰而过，不留任何踪迹。

这是冬季最后一个月，也是最恐怖的一个月。这是忍饥挨饿月，是公狼母狼结婚月，是恶狼袭击村庄和小城镇月。饿狼们饥不择食，拖走狗和羊；它们每天夜里钻到羊圈里抢劫。所有的野兽都变瘦了。秋天养的膘，已不能再给它们提供温暖和营养了。

兽洞里、地下仓库里的存粮，也快吃完了。

现在对于许多野兽来说，白雪已经从帮助保温的朋友，慢慢变成致命的敌人。树枝经不起积雪的重压折断了。只有山鹑、榛鸡和琴鸡这些野生的鸡类喜欢深雪：它们连头带尾一起埋进深雪里过夜，感觉很舒服。

但是糟糕的是，当白天冰雪融化后，夜晚寒气突袭，在雪面上蒙上一层薄冰。那么，在太阳晒化薄冰之前，你只能用脑袋发疯似的撞冰了！

　　暴风雪刮个不停；毁坏道路的2月天，把走雪橇的大道都给掩埋了起来……

冬

熬得过吗？

森林年的最后一个月到了。这是最困难的一个月：苦等春天月。

林中居民仓库里的存粮，都快吃完了。飞禽走兽们都饿瘦了：已经没有了皮下暖和的脂肪层。长期半饥不饱的生活，大大削减了它们的体力。

这时，狂风暴雪又仿佛故意刁难似的，在树林里乱窜，寒流越来越厉害。冬爷爷只能再寻欢作乐一个月了，因此它释放出最严酷的寒气。这会儿，一切飞禽走兽只能再坚持一下，积聚起最后的力量，苦熬到春暖花开时。

我们的森林记者走遍了整个森林。他们很担心：飞禽走兽能熬到天气转暖吗？

他们在森林里看见许多悲惨的事。有些林中居民经受不住饥饿与寒冷的煎熬，默默死去。其余的还能再坚持一个月吗？的确，有些飞禽走兽，你根本不用替它们担心：它们是不会送命的。

严寒的牺牲品

严寒，再加上北风劲吹，那才叫可怕呢！在这样的天气之后，每次你都可以在雪地上，找到冻死的飞禽走兽和昆虫的尸体。

风把积雪从树桩下、断树下扫了出来。许多小野兽、甲虫、蜘蛛、蜗牛和蚯蚓恰恰躲藏在那里面。

风掀走了盖在它们身上的温暖的雪被，它们也就冻死在冷风里了。

鸟在飞行途中被暴风雪击倒了。乌鸦的耐受力超强，可是在长久的暴风骤雪之后，人们也常常在雪地上发现它们的尸体。

暴风雪过后，森林卫生员马上开始工作，猛禽和猛兽在森林里四处寻找：把在风雪中冻毙的尸体，收拾得干干净净。

光溜溜的冰

有时，在冰雪融化之后，突然一下子变得刺骨地寒冷，把融化的雪立刻冻成了冰。积雪上的冰层，坚硬结实，又滑溜溜的。鸟兽柔弱的脚爪刨不开它，尖嘴也啄不破它。鹿蹄能够踏穿它，但是被踢破的冰层的边缘锋利得像把刀，割破鹿脚上的毛皮和肉。

鸟儿如何才能吃到冰层下的食物：小草和谷粒呢？

谁要是没有能力啄破玻璃似的冰层，谁就得挨饿。

也会发生这样的事：

冰雪消融的天气，地上的雪变得湿润蓬松。傍晚，一群灰山鹑飞落在雪上，它们毫不费力地在雪地上刨了几个小洞，在热气腾腾的暖洞里睡着了。

可是，半夜里，寒流突袭。

山鹑睡在暖和的地下洞穴里，没有醒，它们没感到冷。

第二天早晨，山鹑睡醒了。雪底下挺暖和，只是呼吸困难。

得到外面去：去呼吸点儿新鲜空气，活动活动翅膀，找点儿吃的。

它们打算起飞，可是头顶上竟顶着一层结实的冰，像玻璃罩似的。

整个大地变成了光滑的溜冰场。冰层上面什么也没有，冰层底下是柔软的雪。

灰山鹑把小脑袋使劲地向冰壳撞，撞得头破血流，只要能钻出这个冰罩子就好！

谁要是最终能冲出这个死牢笼，即使它还得饿肚子，也算是幸运的。

玻璃似的青蛙

我们的森林记者，敲掉池塘里的冰，掘开冰底下的淤泥。只见许多青蛙躺在淤泥里，它们挤作一堆，是钻进来过冬的。

把它们从淤泥里拖出来的时候，它们完全像是用玻璃做的。青蛙的身体变得非常脆。只要轻轻一敲，纤细的小腿立刻就断了。

我们的森林记者带了几只青蛙回家。他们小心翼翼地把冻僵的青蛙放在暖和的屋子里，让它们全身暖和过来。青蛙慢慢地苏醒了，开始在地板上蹦蹦跳跳。

由此我们可以期待，等到春天，太阳把池塘里的冰晒化，把水晒暖，青蛙就会苏醒过来，变得活蹦乱跳。

冬

瞌睡虫

在托斯那河沿岸，离十月铁路的萨布林诺车站不远，有一个大砂洞。以前，人们在那里挖取砂子，可是现在，已经有很多年没有人进到那个洞里了。

我们的森林记者进入那个洞，发现洞顶上挂着许多蝙蝠：兔蝠和山蝠。它们在那里已经睡了五个月了，头朝下，脚爪紧紧攀住粗糙不平的砂洞顶。兔蝠把大耳朵藏在折起的翅膀下，用翅膀把身体包裹起来，像披着风衣似的，就那样倒挂着，进入了梦乡。

蝙蝠睡得那么久，我们的森林记者都担心起来了，所以他们给蝙蝠摸了脉搏，测了体温。

夏天，蝙蝠的体温跟我们人一样，大约37℃，脉搏每分钟跳两百次。

现在，蝙蝠的脉搏每分钟只跳五十次，体温只有5℃。

尽管如此，这些小瞌睡虫的健康状况，倒没有什么令人担忧的。

它们还可以从容不迫地再睡上一个月，甚至两个月，等温暖的日子一到，它们就会非常健康地苏醒过来。

穿着薄薄的衣裳

今天，我在一个秘密角落里，找到一株款冬。它正开着花，一点儿也不怕寒冷。细茎上好像还穿着薄薄的衣裳：鳞状的小叶和蛛丝般的茸毛。这会儿，人们穿着大衣还嫌冷，可是它就穿这么点儿。

你肯定不相信我的话：周围都是雪，哪里来的款冬呢?

我不是说过了嘛："在秘密角落里"找到了它! 告诉你吧，它长在什么地方：长在一座大楼的南面，而且是在暖气管子通过的地方。在"秘密角落"里，雪随时融化，因此土是黑颜色的，跟春天时一样，冒着热气。

可是，空气是冰冷刺骨的啊!

发自尼·芭芙洛娃

迫不及待

只要寒流稍一退却，冰雪刚一融化，各种各样的虫子就会迫不及待地从森林里的雪底下爬出来：有蚯蚓，有海蛆，有蜘蛛，有瓢虫，还有叶蜂的幼虫。

大风经常刮走倒地的树干下的全部积雪。只要哪个角落里出现一块没有雪的地方，大大小小的虫子就会在那里组织游园会。

昆虫出来溜达溜达麻木的腿脚，蜘蛛出来觅食。没有翅膀的小蚊子，光着脚在雪地上蹦蹦跳跳。长着翅膀的长脚舞蚊，在空中盘旋。

只要寒流一来，游园会就马上结束，这群虫子又躲到了败叶下，藏到枯草、苔藓里，或者钻进土里。

从冰窟窿里探出来一张脸

一个渔夫在涅瓦河河口芬兰湾的冰上走着。当他经过一个冰窟窿的时候，看到从冰底下探出个光溜溜的脑袋来，还稀稀拉拉地长着几根硬胡须。

渔夫以为这是溺水的人从冰窟窿里浮起的脑袋。可是，这个脑袋突然朝他转了过来，渔夫这才看清楚，这是张长着胡须的野兽的脸，皮肤绷得紧紧的，脸上布满闪闪发亮的短毛。

这双亮晶晶的眼睛，有一瞬间直愣愣地盯着渔夫的脸。接着，只听见哗啦一声，兽脸就钻进冰底不见了。

渔夫这才恍然大悟，原来看到的是海豹。

海豹在冰底下抓鱼。为了透口气，它把脑袋探出水面一小会儿。

冬天，海豹不时从冰窟窿里爬到冰面上来，所以渔夫们经常在芬兰湾上猎到海豹。

有时甚至还发生这样的事：一些海豹追鱼，一直追进了涅瓦河。在拉多加湖里海豹应有尽有，那里简直是个名副其实的海豹猎场。

解除武装

林中大力士公驼鹿和小个子公鹿，都把犄角脱落了。

公驼鹿主动扔下头上的沉重武器：它们在密林里，把犄角一个劲儿地往树干上蹭，直到蹭下来为止。

有两只狼，看见这么一个解除了武装的大力士，决定向它进攻。它们觉得，很容易获胜。

一只狼从前面扑向驼鹿，另一只狼从后面进攻。

出乎意料，战斗迅速结束了。驼鹿用两只结实的前蹄，踢碎了一只狼的脑壳，然后立即转过身，把另一只狼踢倒在地。这只狼遍体鳞伤，好不容易才从敌人身边逃脱。

最近几天，年老的公驼鹿和年老的公鹿已经长出了新犄角。这是还没有长硬的肉瘤，外面罩着一层皮，皮上是柔软的绒毛。

冷水浴的爱好者

在波罗的海铁路的迦特钦站附近，在一条小河的冰窟窿旁，我们的森林记者发现了一只黑肚皮的小鸟。

那天天气冷得出奇。虽然天上挂着明晃晃的太阳，可是那天早晨，我们的森林记者还是不得不好几次用雪来擦他那冻得发白的鼻子。

因此，当他听到黑肚皮小鸟快乐地在冰上歌唱时，他感到很奇怪。

他走上前去，只见小鸟跳了起来，然后扑通一声掉进了冰窟窿里。

"投河自尽啦！"森林记者心想，他急忙跑到冰窟窿旁，想救起那只精神错乱的小鸟。

谁知小鸟正在水里用翅膀划水呢，就像游泳选手用胳膊划水似的。

小鸟的黑脊背在透明的水里闪着光，活像一条小银鱼。

　　小鸟潜入河底，用尖锐的脚爪抓着沙子，在河底上跑了起来。它在一个地方停留了一小会儿，用嘴把一块小石子翻了过来，从石子下捉出一只乌黑的水甲虫。

　　不一会儿，它已经从另外一个冰窟窿里钻出来，跳到了冰面上。它抖了抖身上的水，若无其事地又唱起快乐的歌来。

　　我们的森林记者，把手伸进冰窟窿里，心想："大概这里是温泉，小河里的水热乎乎的吧？"

　　可是，他立马把手从冰窟窿里缩了回来：冰冷的河水刺得他的手火辣辣地疼。

　　这时他方才明白：他面前的这只小鸟，是一种水雀，名唤河乌。

　　这种鸟，跟交嘴鸟一样，也不用服从自然法则。它的羽毛上蒙着一层薄薄的脂肪油。当它潜入水中的时候，那油腻的羽毛就会起泡泡，闪着银色的光。河乌仿佛穿了一件空气做的衣服，所以，即使在冰水里，它也不觉得冷。

　　在我们列宁格勒州，河乌是稀客，只有在冬天里，它们才登门拜访。

冬

在冰屋顶下

让我们来关注一下鱼儿吧。

整个冬天，鱼儿都睡在河底的深坑里，头上是结实的冰屋顶。有时，大多是在冬季即将结束的2月份，在池塘和林中湖泊里，它们会感到空气缺乏。于是，气喘吁吁的鱼儿游到冰屋顶下，痉挛地张开圆嘴，用嘴唇捕捉冰上的小气泡。

鱼儿也可能被全部憋死。如果那样的话，到了春天，冰雪消融后，你带着鱼竿到这样的水池边钓鱼，就无鱼可钓了。

因此，请记住鱼儿吧。在池塘和湖面上，凿几个冰窟窿。还要注意别让冰窟窿再冻上，好让鱼儿有空气可呼吸。

雪底下的生命

整个漫长的冬季，你望着被冰雪覆盖的大地，会情不自禁地思索：在这下面，在这片寒冷而干燥的雪海下面，还剩下些什么呢？在雪海底，还有生命存在吗？

在林中空地和田野的积雪上，我们的记者分别挖了一些很大的深坑，一直挖到地面。

我们在那些地方看到的东西，大大出乎我们的预料。从雪里面露出了许多绿色的小叶簇。既有从枯草根下钻出来的、尖尖的小嫩芽，也有被沉重的积雪压得匍匐在冻土上的绿色草茎。它们全都活着！请想象一下：全都活着！

原来，草莓、蒲公英、荷兰翘摇、狗牙根、酸模，以及各式各样的植物，都住在沉寂的雪海底下。它们全都绿油油的。在翠绿娇嫩的繁缕上，甚至还长着细小的花蕾。

一些圆形小窟窿出现在我们森林记者挖的雪坑的四壁上。这是被铁锹铲断的小野兽的交通道，这些小野兽特别善于在雪海里找东西吃。老鼠和田鼠在雪底下啃食既美味可口，又富于营养的植物根；食肉兽䶄鼱、伶鼬和白鼬冬天就在雪底捕捉这些啮齿动物和在雪里过夜的小鸟。

从前，人们认为只有熊才在冬天生小熊。俗话说，有福气的小孩"穿着衣裳"来到人间。小熊出生的时候，个头非常小，只有老鼠那么大，可是它不仅穿着衣裳，而且直接穿着皮大衣降临人间。

现在，科学家们的研究表明，有些老鼠和田鼠冬天就好比搬到了冬季别墅：从夏天的地下洞穴，搬到地面上来，在雪底下的树根和灌木下部的枝头上筑巢。令人惊叹的是：它们冬天也生孩子！刚生下来的小老鼠全身光溜溜的，但是巢里很暖和，年轻的鼠妈妈给它们喂奶吃。

春天的征兆

虽然这个月天气依旧很冷，但已经不像仲冬时节那么冰冷刺骨了。虽然雪还是积得很深，但已经不再洁白如莹、闪闪发亮了。现在，积雪的颜色变灰了，失去了光泽，开始出现蜂窝般的小洞。挂在屋檐上的小冰柱，却在逐渐变大，小水滴从冰柱上慢慢地流下来。还出现了小水洼。

太阳露面的时间越来越长，阳光也越来越暖和。天空已不是青白的、冰冷的冬季颜色，而是一天比一天蓝。天上的云也已不是冬季的灰色：它们开始变成一层层的，要是仔细看的话，有时还可以发现结实的积云飘过天空。

一出太阳，窗外就响起山雀欢快的歌声："脱掉皮袄！脱掉皮袄！"

夜晚，猫儿在屋顶开音乐会，打群架。

森林里，说不定什么时候，就传来一阵五彩啄木鸟的喜气洋洋的鼓声。虽然它只是用嘴敲敲树干，听起来还很像一首歌呢！

　　在密林深处，在枞树和松树下，不知是谁在雪地上画上了一些神秘的符号、难解的图案。当猎人看见这些符号和图案时，他的心会突然抽紧，紧接着怦怦乱跳起来：要知道，这是林中长着胡子的大公鸡——松鸡留下的踪迹呀，它那有力的翅膀上的硬羽毛，在坚硬的春季冰层上划过了一道痕！这么说……这么说，松鸡马上要开始交配了，神秘的林中音乐马上要奏响了。

城市新闻

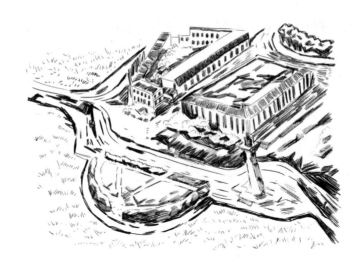

在大街上打架

在城市里，已经可以感觉到春天的临近：大街上，不时发生打架事件。

街上的麻雀，毫不理会过往的行人，只顾互相乱啄颈部，把羽毛啄得四处飞。

雌麻雀从来不参加打架，但也不阻止那些打架的家伙。

每天夜里，猫儿都在屋顶上打架。有时候，两只公猫大打出手，其中一只被打得一个跟头从高楼上翻落下来。不过，即便这样，灵巧的猫儿也不会摔死：它落下去时正好四脚着地，最多在那以后一瘸一拐地跛着走几天。

冬

修理和新建

城里到处都在忙着修理旧屋，建造新房。

老乌鸦、老寒鸦、老麻雀和老鸽子，都在忙着修理去年的老巢。那些去年夏天才出世的年轻一代在忙着筑新巢。树枝、稻草、马鬃、绒毛和羽毛这些建筑材料的需求量大大增加了。

鸟的食堂

我和我的同学舒拉，都很喜欢鸟。冬天，山雀和啄木鸟这类小鸟经常挨饿。我们很怜惜它们，决定给它们做个饲料槽。

我家附近，绿树成荫。鸟儿常常落在树上找食吃。

我们用胶合板做了一些浅浅的小盒子，每天早晨都往盒子里撒谷粒。现在鸟儿已经习惯了，不再害怕飞到盒子前，津津有味地啄食吃。我们认为，这会给鸟带来益处。

我们建议，希望所有的小朋友们都来做这件事。

发自森林记者 瓦西里·亚历山大

.169.

市内交通新闻

有个标记画在拐角处的房子上：一个黑色的三角形画在圆圈当中，三角形里有两只雪白的鸽子。

意思是："小心鸽子！"

当汽车开到大街拐角处转弯的时候，司机小心翼翼地绕过一大群鸽子。这群鸽子聚在马路当中，有青灰色的，有白色的，也有黑色的，还有咖啡色的。大人们和孩子们站在人行道上，用米粒和面包屑喂鸽子。

"小心鸽子！"这个叫汽车注意的牌子，最初是根据女学生托尼·柯尔基娜的提议，挂在莫斯科的大街上的。现在，在列宁格勒和其他交通繁忙的大城市里，也挂出了这样的牌子；男女市民们经常边喂鸽子，边欣赏这些象征和平的小鸟。

光荣属于珍惜鸟类的人们！

飞回故乡

许多令人高兴的消息寄到了《森林报》编辑部。信件寄自埃及、地中海沿岸、伊朗、印度、法国、英国和德国。信中写道：我们的候鸟已经踏上了返乡之路。

它们从容不迫地飞着，一寸寸地占领从冰雪下解放出来的大地和水面。它们得预计好，在我们这儿冰雪消融、江河开冻的时候，飞回到这里来。

雪下童年

今天是个融雪天。我到外面去挖种花用的泥土，顺道看了看我为鸟儿开辟的小菜园子。我在那儿给金丝雀种了繁缕。金丝雀很喜欢吃繁缕那鲜嫩多汁的绿叶。

你们当然认识繁缕吧？淡绿色的小叶子、依稀可见的小花、互相缠在一起的脆嫩的细茎。

繁缕紧贴着地面生长。只要一个照看不周，一畦畦菜地都会被密密麻麻的繁缕侵占。

今年秋天，我播下了繁缕的种子，但是种得实在太迟了。种子发了芽，可是还没来得及长成苗。它们就这么被埋在了雪下：只有一小段细茎和两片子叶。

我没指望它们能活下来。

可事实上呢？我一瞧，它们不仅熬过了冬天，而且长高，长大了。现在这已经不是幼苗，而是小植物了。有几株上还长着花蕾呢!

真是令人惊叹不已,要知道这是大冬天,而且是在雪底下啊!

发自尼·芭芙洛娃

新月的诞生

今天我特别高兴:我起了个大早,在日出的时候,看见了新月的诞生。

我们大多是在傍晚时分,在太阳下山后看见新月的。人们很少在大清早看见它挂在太阳上方。它比太阳起得早,已经爬到高空中,像一把细细的珍珠色镰刀,在金黄色的朝霞中闪闪发光。它是那么亲切,那么兴高采烈,我从未见过它这副模样。

神奇的小白桦

昨天晚上和夜里,下了一场温暖湿润的雪,把台阶前园子中我心爱的一棵白桦树的树干,以及所有光秃秃的树枝都涂成了白色。快到天亮的时候,天气又骤然转冷。

冬

太阳升到明朗的天空中。只见我的白桦树变得神奇而迷人：它挺立在那里，从树干到最细的小树枝，都仿佛涂了一层白釉，原来是湿漉漉的雪冻成了一层薄冰。小白桦浑身银光闪闪。

几只长尾巴山雀飞来了。它们毛茸茸的温暖的羽毛，好似一团团白色的小线球，每个球上插着一根织针。它们落在小白桦上，在树枝上转着圈，它们在寻找，有没有东西可以当早饭吃。

可是小脚爪直打滑，小嘴也啄不破冰层。白桦树好像由水晶玻璃做成似的，发出尖细的、冷漠的叮当声。

山雀怨声载道地飞走了。

太阳越升越高，阳光越来越暖和，终于把冰层晒化了。

一股股冰水，从神奇的小白桦的树枝上、树干上，流了下来。它变成了一个冰冷的喷泉。

水开始往下滴。水珠闪烁着，流淌着，像一条条小银蛇似的，顺着树枝汩汩流下。

山雀飞回来了。它们落在树枝上，丝毫不怕沾湿了小脚爪。这回它们可高兴了：小脚爪不再打滑，化了冻的白桦树请它们吃了一顿美味的早餐。

发自森林记者 维利卡

第一首歌

一天，天气寒冷，但是阳光明媚，城市的花园里，响起了春天的第一首歌。

是莄雀在唱。歌曲并不复杂：

"欣——希——维！欣——希——维！"

只不过这么简单的几句。但是歌声听起来如此欢快，仿佛这只快乐的、胸脯呈金色的小鸟，想用鸟语告诉大家：

"脱掉皮袄！脱掉皮袄！春天来啦！"

绿色接力赛

从1947年起，国家开展了一年一度的全苏优秀少年园艺家竞赛。少先队员们从1947年的春姑娘手里，接过美妙的绿色接力棒，开始了为期一年的竞赛，然后把接力棒交到1948年的春姑娘的手中。五百万少年园艺家，艰难地走过了从1947年春天到1948年春天的这段路程。但是，他们终归保护好了已种果木，并且精心地培育每一棵树、每一棵灌木。年复一年，年年如此。

每跑完一场绿色接力赛，大家就召开少年园艺家大会。

去年，数百万少先队员和小学生参加了绿色接力赛。他们栽种了几百万棵果树和浆果灌木，新造了几百公顷的森林、公园和林荫道。今年一定会有更多的人参加竞赛。

竞赛的条件还跟去年一样，可是必须做的事情却比去年多得多。今年在每一所学校里，都必须开辟一个果木苗圃，这有助于明年种植更多的果木。

必须绿化道路，让大路变成美丽的绿色林荫道。

必须用乔木和灌木加固峡谷中的泥土，保护好我们肥沃的农田。为了实现上述目标，必须认真地向有经验的老园艺家们学习。

打 猎

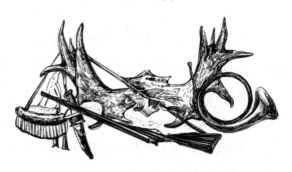

巧妙的陷阱

实际上，猎人们用枪猎取的野兽，还不如用各种巧妙的陷阱捉到的野兽多。要有创意，还必须确切地了解野兽的脾气和习性，才能想出捕捉野兽的妙计。不仅要善于设陷阱，还必须善于妥当地布置陷阱。笨拙的猎人设的陷阱里，总是空空如也；经验丰富的猎人设的陷阱里，总能关进野兽。

钢制的捕兽器用不着设计制作，去买现成的就可以了。但要学会安置它，就没那么简单了。

首先，必须知道把捕兽器安在哪里。必须把它摆在兽洞旁、野兽出没的小径上、汇聚和交叉着众多野兽脚印的地方。

其次，必须知道，如何准备和安置捕兽器。如果想捕捉黑貂和猞猁这类警惕性很高的野兽，必须先把捕兽器放在松柏叶汁里煮过；然后用小木锹铲下一层雪，戴着手套把捕兽器放在那儿，再把铲下的雪盖上去，用小木锹把雪夯平。如果不这样加倍小心，嗅觉灵敏的野兽就会闻出人或钢铁的气味，即使隔着一层雪也无济于事。

如果要用捕兽器捕捉高大强壮的野兽，就必须把捕兽器拴在一根沉重的原木上，以免野兽把它拖得很远。

如果要往捕兽器里放诱饵，就必须知道，哪种野兽喜欢吃哪种食物。有的必须放上老鼠，有的必须放上肉，还有的必须放上干鱼。

活捉小野兽

猎人们想出各种各样巧妙的捕兽器，捕捉白鼬、伶鼬、鸡貂和水貂等小野兽。其实这些装置挺简单，每一个人都会做。

这些捕兽器的原理都一样：要让野兽进得来，出不去。

请拿一个小长箱子，或是一个木桶。在一头开个入口，把用粗金属丝做的小门拴在入口处，但小门必须比入口高一点。把小门斜着立在入口处，门的下边靠在箱子

（或木桶）里。就这么简单。

把诱饵放在箱子（或木桶）里。小野兽闻到诱饵的香味，并且从金属丝小门里看见了诱饵。它会用头顶开小门，爬进陷阱。小门跟在它后面自动合拢了。从里面是顶不开小门的，所以这只被捕的小野兽，只得蹲在里面，等着你去把它从里面拖出来。

也可以把一块活动板装在箱子里，把诱饵挂在没有开口的那一头的顶板上。入口要开得窄一些，入口处上边安装一个活动插销。

小野兽刚一爬到活动板当中（也就是活动板支在一根棒上，可以随意转动的位置），它身子底下的这半边板就往下落，靠近入口处的那半边板却往上翘，翘起的这边碰到了活动插销，于是捕兽器的出口就被牢牢堵死了。

还有种更简单的方法：拿一只高一点的小圆桶，或者大圆桶，打开桶顶，在桶的半中腰钻两个小洞，穿上一根长铁轴。把铁轴的两端，架在两根小柱子上（要预先在两根小柱子当中挖个坑，坑的深度要放得下半只桶）。

必须把圆桶这样摆放，要使它的前半截（即出口处）的桶边，靠在坑的边沿上，后半截（即桶底），悬空在坑上面。

诱饵要放在桶底。

小野兽刚爬到桶的半中腰，桶就翻了过来，桶底朝

.179.

下。小野兽无论如何都不能顺着圆溜溜的桶壁爬上来了。

乌拉尔的猎人们想出了一个好办法。冬天结冰的时候，干脆做个冰阱。

拎一大桶水，放到露天里。桶面上、桶壁上和桶底的水，比桶当中的水冻得快。等冰结得有两个手指头那么厚时，在冰上面凿个小圆洞，洞的大小恰好钻得进一只白鼬。把桶里没结冰的水，都从这个小洞里倒出去，再把桶搬进屋子。在暖和的房间里，桶壁和桶底的温度很快升高，这两处的冰也就化了。那时，很容易就可以把冰桶从铁桶里倒出来。这只冰桶四周密封，只在顶上有个小洞。这就是冰阱。

把干草和麦秸扔进冰阱里，再放一只活老鼠进去。找一处白鼬或伶鼬的脚印多的地方，把冰阱埋在雪里，使阱顶跟积雪一样高。

小野兽一闻到老鼠的气味，立刻钻入冰阱顶上的小洞里。这下它再也退不回来了，既不能从滑溜溜的冰壁上爬上来，也啃不穿冰壁。

只要打碎冰阱，就可以把小野兽拖出来了。反正做这种冰阱不花一分钱，想做多少个就可以做多少个。

狼　坑

猎人们布置狼坑捉狼。

在狼出没的小径上，挖个椭圆形的深坑，坑壁必须垂直。坑的大小，要能装下一只狼，又不能让它跳出来。把细树条铺在坑上面，再放上细枝、苔藓和稻草，最后盖上雪。这样，就隐藏了陷阱的痕迹，看不出坑在哪里。

夜里，狼群从小径上走过。最前面的一只狼，走着，走着，就掉进了陷阱。

第二天早上，猎人活捉了它。

狼　圈

还可以设狼圈捕狼。把木桩打进地里，连成紧密的一圈。在这一圈木桩外，再打下一圈木桩。里圈和外圈之间，留下一条狭窄的通道，让一只狼恰好能挤进去。

在外圈安上一扇朝里开的门。在里圈里放进一只小猪，一只山羊或者绵羊。

狼闻到猎物的气味，就一只接一只地走进外圈，在两圈木桩间的狭窄通道里转起圈来。转了一整圈后，最前面的一只狼用头顶了一下那扇妨碍它往前走的门（这时它也不能向后转了）。门砰的一声关上了，于是所有的狼都给圈住了！

这么一来，它们只得围着里圈内的羊，没完没了地转圈子，直到猎人来抓它们。羊毛没伤到一根，狼却把性命也搭上了。

地上的坑

冬天，地冻得像石头那么硬，很难挖深坑。因此，冬天人们不挖地下的坑，而设地上的"坑"。在一块地的四角，立四根柱子，用木桩围成一道栅栏。在"坑"（栅栏）的中间，再竖一根柱子。这根柱子比栅栏高。把一块肉绑在柱子上做诱饵。

在栅栏上搁一块木板。

木板的一端靠在地上，另一端悬在"坑"的上空，靠近诱饵。

狼闻到肉的气味，就沿着木板往上爬。在狼的重压下，木板悬空的一头往下落，于是狼一个倒栽葱掉进"坑"里。

熊洞旁又出事了

萨索伊其踏上滑雪板，在长满苔藓的沼泽地上滑行。这时正是2月末，地上被大风吹成的积雪堆得老高。

在沼泽地的上方，是一片片树林。萨索伊其的北极犬阿霞，跑进林子里，钻到树木后不见了。突然，传来了它异常凶猛狂怒的叫声，萨索伊其马上明白：阿霞遇到熊了。

小个子猎人恰好随身带着一支可靠的五响来复枪，所以他很高兴，连忙朝狗叫的方向跑去。

阿霞对着一大堆被风吹倒的、盖满雪的枯木怒吼。萨索伊其挑了个合适的位置，飞快地卸下滑雪板，踏平脚下的积雪，准备射击。

很快，只见一个黑色的大脑瓜从雪底下探了出来，两

只小眼睛闪烁着暗绿色的光。按照猎熊人的说法，这是熊在打招呼。

萨索伊其知道，熊朝敌人看一眼后，会立刻躲起来。它会整个缩回洞里，然后突然往外蹿。因此，猎人必须赶在熊把头缩回之前开枪。

但是，瞄得太匆忙，没有打中，事后才搞明白，那一颗子弹只擦破了熊的脸皮。

那野兽跳出来，直扑萨索伊其。

幸亏第二枪大致击中了要害，把熊就地撂倒了。

阿霞冲过去撕咬熊的尸体。

当熊扑过来的时候，萨索伊其没顾得上害怕。可是，等危险一过，这个壮实的小个子猎人立刻觉得浑身软绵绵的，眼前变得模糊不清，耳朵嗡嗡直响。他做了下深呼吸，吸了口冰冷的空气，仿佛刚从沉重的思索中清醒过来。现在，他才意识到刚才经历了多么可怕的一幕。

在与高大凶猛的野兽面对面相碰之后，任何人，甚至最勇敢的人都会有这样的感觉。

突然，阿霞从熊的尸体旁跳开，汪汪地叫着，又扑向那堆枯木，这会儿是扑向另一个方向。

萨索伊其定睛一看，不由得呆住了：从那儿探出了第二个熊脑袋。

小个子猎人马上定了定神，迅速瞄准，这回他特别小心。

只一枪，他就把那畜生撂倒在枯木旁。

但是，几乎在同一瞬间，从蹦出第一只熊的那个黑洞里，探出了第三只棕红色的熊脑袋；接着，又探出了第四只。

萨索伊其不知所措，他感到很恐惧。似乎这片树林里所有的熊，都躲到这堆枯木下，这一瞬间一齐朝他扑过来了。

他顾不上瞄准，连开两枪，然后把打完子弹的来复枪扔在雪地上。匆忙之中，他看见，第一枪发出后，那个棕红色的熊脑袋就消失了；第二颗子弹射中的竟然是阿霞，它意外地撞到枪口下，当场倒地毙命。

这时，萨索伊其的两腿发软，身不由己地向前迈了三四步，绊倒在被他击毙的第一只熊的尸体上，昏了过去。

也不知他昏昏沉沉地躺了有多久。可他醒来时的情形万分恐怖：有什么东西在夹他的鼻子，夹得生疼。他想去抓鼻子，手却碰到一个热乎乎、毛茸茸的活的物体。他睁开眼睛，看见一对暗绿色的熊眼睛正直愣愣地盯着他。

萨索伊其吓得失声惊叫，猛力一挣，才把鼻子从兽嘴里挣脱出来。

被吓蒙了的小个子猎人跳起身，拔腿就跑，但立刻陷进了齐腰深的雪里。

他转过身来，这时方才明白：刚才夹他鼻子的，是只小熊崽子。

过了好半天，萨索伊其才惊魂稍定，弄明白了他所遇到的事。

原来他最初两枪射中的是一只熊妈妈。接着，从枯木堆的另一头跳出来的，是一只三岁大的幼熊：熊大哥。

这种幼熊都是熊儿子，不是熊姑娘。夏天，它帮助熊妈妈照顾熊弟弟、熊妹妹；冬天，它睡在它们附近。

有两个熊洞，藏在那一大堆给风刮倒的枯树下面。一个洞里睡着熊大哥；另一个洞里，睡着熊妈妈和它的两个一岁大的熊娃娃。

惊慌失措的猎人，匆忙中竟把熊大哥看成大熊了。

跟在熊大哥后面、从枯木堆里爬出来的，是两个一岁的熊娃娃。

它们还小，跟十二岁的小孩一样重，可是，它们已经长得大头大脑，难怪猎人在惊恐中，把它们的头看作大熊的头了。

当猎人昏迷不醒地躺在那儿的时候，这个熊家庭中唯一完好无损的熊娃娃，走到熊妈妈身旁。它把头钻入死去的母熊怀里，却碰到了萨索伊其热乎乎的鼻子，以为萨索伊其的鼻子，就是妈妈的奶头，于是把它衔在嘴里呷吧起来。

萨索伊其把阿霞就地埋在树林里，把那只熊娃娃抓住，带回了家。

那只熊娃娃是个又有趣又可爱的小家伙，十分依恋这个因为失去阿霞而感到孤单寂寞的小个子猎人。

发自本报特派记者

打靶场

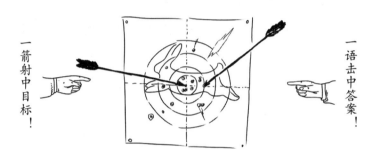

一箭射中目标！

一语击中答案！

第十二场比赛

1. 什么小兽头朝下冬眠？

2. 冬天，刺猬做什么？

3. 冬天，灰鼠不吃什么？

4. 什么鸟一年四季，即使在冰雪中也孵小鸟？

5. 冬天，当所有的昆虫都睡着的时候，山雀给人带来好处还是坏处？

6. 冬天，貛给人带来好处还是坏处？

7. 什么鸣禽钻到冰下面的水里觅食?

8. 搭椋鸟房的时候,为什么要在里面的入口下钉个小三脚架?

9. 什么动物的骨骼裸露在外面?

10. 破壳而出前,雏鸡会呼吸吗?

11. 假如把青蛙从雪下扒出来,放到炉火旁烤,它会怎么样?

12. 什么时候麻雀的体温比较低:冬天还是夏天?

13. 海豹钻到冰底下,靠什么呼吸?

14. 哪里的雪先开始融化:城里的还是森林里的?为什么?

15. 什么鸟飞来了,我们便认为春天开始了?

16. 新砌一堵墙,开扇小圆窗;白天打碎玻璃,夜晚就能装上。(谜语)

17. 冬天,饥肠辘辘;夏天,肚子撑饱。(谜语)

18. 屋里冻成冰,屋外不结冰。(谜语)

19. 一块幕布,经过窗口;铺在地上,满屋金光。(谜语)

20. 比树更高,比光更亮。(谜语)

21. 既不在屋里,也不在街上;声音像鸟叫,可它不是鸟。(谜语)

22．没头没脑，却比野兽更狡猾。（谜语）

23．穿着皮袄，林中乱跑；端上桌来，一碟佳肴。
（谜语）

24．春天让人高兴，夏天带来凉爽；秋天提供口粮，
冬天阻挡寒气。（谜语）

最后时刻收到的加急电报

　　城里出现了候鸟的先头部队——白嘴鸦。冬天结束了。森林里在庆贺新年。现在，请从头阅读《森林报》。

哥伦布

俱乐部

第十二个月

窗外暴风雪肆虐，吼叫着，嘶鸣着，把一团团冰冷的雪掷到窗玻璃上。行人们哆嗦着裹紧头巾和大衣，把头缩到竖起的衣领里。天渐渐黑了。

在温暖明亮的《森林报》编辑部里，一只淡黄色的小鸟在婉转地歌唱。似乎为了一展歌喉，它唱了几个高音之后，突然嘹亮欢快地啼鸣起来。哥伦布们听得屏住了呼吸，停止了争论。无论是黑头发还是淡褐色头发，无论头发是蓬乱还是梳得一丝不乱，各个脑袋瓜一起转向窗的方向，那只神奇的鸟正在狭窄的鸟笼里歌唱。

它似乎永远唱不完似的：这个被俘的小仙女——天空的女儿有副金嗓子，虽然被囚禁在铁丝笼里，依然不停地、响亮地歌唱。它没有停顿、一气呵成。突然它发出阵阵珠子般的颤音，音调越升越高，突然又出其不意地停住了，结束了这首奇怪的歌曲。它开始若无其事地用嘴巴清洗起柔软的羽毛。

"好家伙！"尼古拉听得目瞪口呆，突然清醒过来，叫道，"我敢保证，它的颤音持续了五十多秒。多么美妙的歌声啊！还有什么野禽能这么歌唱呢？只有百灵鸟和夜莺！"

"神鸟！"莱姆琪卡用手指敲着额头，激动地说，

"杰出的神鸟，杰出的想法！未知之地获得了一种新的、神奇的鸟！是我们——哥伦布们创造了它！"

"瞧你说的！瞧你说的!"多拉急切地说，"你以为我们是创造者——上帝啊！鸟儿不是植物：把两种鸟结合在一起，得不到生物学的后代。可以把金丝雀和黄雀、金丝雀和白腰朱顶雀交配，但通常它们就不能养育后代了。就是这么回事，非驴非马，孵不出子孙。"

"你没有理解我。"莱姆琪卡温柔地说，"我不是想让金丝雀和我们的鸟交配，创造出新的鸟，而是要在鸟身上实施布谷鸟的想法。请你设想一下：明年夏初，我们将把几百只，不，几千只金丝雀的蛋放进其他鸟的巢里，朱雀、白腰朱顶雀、黄雀、苍头燕雀、红脚鹤鹬，金翅雀……它们将为我们孵出小金丝雀，像喂养自己的孩子似的喂养它们，教会它们鸟类生活的规则。由于金丝雀的亲生父母不住在我们的森林里，不会来认领它们，所以它们将一直跟养父母们住在一起。

"不知道接下来会发生什么事。它们会和养父母黄雀一起留在未知之地过冬，成为这里的常住居民吗？它们会和林子里的金丝雀——我们称为金翅雀——一起迁往南方吗？它们会和养父母红金丝雀——我们少年自然科学家称为朱雀——一起飞往印度过冬吗？要知道，还没有人进行过这样的实验：借助布谷鸟的想法，让外来鸟适应新环境。"

"这想法很大胆！"安德烈若有所思地说，"有一次，我到卡尔图什市，参观了伊万·彼得诺维奇·巴甫洛夫生理学研究院。那里的鸟类学实验室主任、著名的鸟类学家亚历山大·尼古拉耶维奇·普罗姆托夫向我们讲述了金丝雀的故事以及他们在金丝雀身上所做的实验。

"南方森林里的鸟——金丝雀已经被人类囚禁了三百多年，它早就变成了无助的笼中鸟：不会给自己找吃的，也不会筑巢。鸟笼里一年到头摆着饲料盆，盆里装着脱掉壳的谷粒，饮水杯里盛着清洁水。夏天让它住在绳子搭成的鸟笼里，垫上棉花和其他柔软的物品。笼中的小横梁笔直滚圆，刨得很光滑，刚好供它柔弱的细爪蹲立。人们给它提供了一切保障，它只需要歌唱、歌唱，在囚笼中生儿育女。我们俄罗斯人常常在春分时把金丝鸟和其他野禽一起放生。当然，这是非常愚蠢、非常残酷的。因为金丝鸟早已不习惯野外生活，在被囚禁中变得异常娇弱，像位深居闺阁的小姐。

"普罗姆托夫确立了目标，想弄清楚，金丝雀在长期的笼中生活之后，能否把失去的本领再找回来。他用普通树枝替代了笔直的、光滑的笼中小横梁，不再把精选的谷粒放入饲料盆，而是把饲料撒在鸟笼底部，从小缝里塞进燕麦、赤杨果、未去壳的大麻籽和草籽。总之，不给金丝雀提供闺阁生活的种种便利。普罗姆托夫只在小鸟身上进行实验。小金丝雀不得不从头练习使用嘴、爪和腿。它们艰难地蹲在歪斜的树枝上，身子探向谷粒，费力地用嘴把谷粒从缝隙里抠出来，去掉壳。夏天到了，不给它们现成的绳制鸟巢，而是直接把柔韧的草茎、细根、禾茎、马鬃和棉花放进鸟笼里，给它们提供优质的建筑鸟巢的材料。

"结果如何？实验室里的一对金丝雀开始筑巢，筑得好极了，跟它们的故乡、加那利海岛上的金丝雀筑的巢一模一样。也就是说，在疏远了自由生活几百年之后，在疏远了对自己负完全责任的生活之后，它们可以适应新的鸟类生活条件。可以这么认为，由我们的红金丝雀、森林金丝雀、黄雀和白腰朱顶雀孵化和抚养的金丝雀，完全可以在未知之地住习惯，成为我们这里的土著居民。"

"说得对！"尼古拉高声喊道，"为了不让它们像被俘的同类那样，失去技艺，忘记歌唱，夏天我们将在森林里挂上鸟笼，里面住着最好的歌手——金丝雀。让它们跟着学几招。要知道，鸣禽很善于模仿。也许，我们的黄雀也会像金丝雀那么歌唱呢！瞧，在未知之地将举办森林大合唱！"

"伙伴们！"米露琪卡提醒大家，"今天我们聚会，是为了庆祝俱乐部开办一周年。茶已端上来，让我们开始吧！请俱乐部主席主持会议，给我们讲几句。"

"朋友们！"等大家落座以后，塔金说，"我很高兴，哥伦布们发现了我们自己的美洲，它充满神奇的过去、现在和未来。在现代美洲，你们做了一些小发现，例如，发现了美洲居民麝鼠，以及来自海边的旅行者翻石鹬。在过去的美洲，你们发现了普拉瓦湖的地狱洞，你们当中的四个人差点为此送了命。在未来的美洲，你们发现了我们祖国的优秀的歌唱家——来自遥远的加那利海岛的移民。

"请允许我就未来这个话题讲两句。

"你们想让金丝雀适应未知之地的新环境。敢于幻想——这是件好事！但是要仔细认真，善于观察，善于思考，不要浅尝辄止。请记住我们在上次会议——模拟法庭上的发现。那些不学无术、没有爱心的人，最终会毁掉自己。这既不需要爱心，也不需要知识。在无知的黑暗中，隐藏着仇恨、恐惧甚至死亡。我们的祖先多么惧怕森林！'森林是魔鬼。在森林里干活，死亡近在咫尺。'他们赋予森林神秘的灵魂，认为它们是冷酷无情的神灵。想方设法贿赂它们，给它们奉上祭品，人的祭品……为了逃避对黑暗的恐惧，他们砍伐森林，可是最终却毁灭了自己：森林沙漠化了。

"建设、创造美，要困难得多。'很难获得美。'古代的智者说。森林很美。应该珍惜它。如果要改变森林里的生活，我们必须充满爱心，对森林深刻理解。

"你们想给我们的森林创造一位前所未有的优秀歌手。也许，你们会成功。在和谐的森林合唱团里再增添一个声音；在纸牌搭建的屋子里，再添上一张多余的牌。我说，也许会成功。这需要充满爱心，精确考虑和热切关注。

"但事情不会那么简单。你们说，让我们这里的鸟孵出金丝雀，然后由它们喂养金丝雀，教它们学会在我们这个地区平安生活的要领。这会出现许多令人担忧的问题。是的，普罗姆托夫证实了，笼子里的小金丝雀可以回归到原始生活状态：学会用嘴巴啄带壳的谷粒，学会筑巢。但是并不清楚，它们能否在我们北方的森林里，给自己找食吃？这是一片我们不了解、它也不了解的森林。

"不知道，秋天小金丝雀在我们这儿是否穿得暖，足以忍受冬天的严寒；或者它们的迁徙本领得到足够发展，能够完成到达越冬地的长途旅行。要知道，在热带，在它们的家乡，一年四季都是夏天。

"不知道，在我们这儿出生的金丝雀能否很快恢复防御众多天敌的本领；或者看到鹰时，只会蹲下来，像它们在鸟笼里碰到危险时，蹲在小横梁上那样。

"因为经验可以在辽阔的天空下、在实践中产生，所以我们很难预测结果：不知道，每位小移民将过得怎么样。因此，最好先在实验室里做适应新环境的实验，虽然也可以做大规模的实验：在用铁丝网围成的养禽场里，对许多金丝雀进行试验。谁知道呢，也许，变野的金丝雀最初得在人的住宅周围找食吃。

"还必须指出，雄金丝雀不同寻常的、让你们惊叹的悠长的歌声，是人类驯养的结果，是文化的产物。有这么一个笑话：一所英国别墅花园里的草坪空前平坦稠密，这让一位美国的亿万富翁赞不绝口。富翁叫来园丁，问他怎么才能在美国也种出这么好的草坪。

"'很简单。'园丁回答，'在我们这儿买上十便士草籽，播种在美国的花园里，然后花上三百年时间，仔细修剪，精心呵护，它就会长得跟英国的一模一样。'

"人类花了三百年的时间，一代又一代地开发雄金丝雀天生具备的音乐才能：把它们的鸟笼挂在唱得最好的金丝雀和其他鸟的鸟笼旁。一代又一代的金丝雀模仿大金丝雀，并加以创造，不断地完善歌唱技艺。通过模仿得到了什么，传承了什么，这是非常复杂的问题。但是请相信，如果不经过科学驯养，在林子里长大的野金丝雀，绝不会像我们房间里的这只鸟一样，唱得那么好。因此尼古拉的想法很有趣：把装着金丝雀的鸟类分挂在林子里。

"在卡尔图什，普罗姆托夫喂养的金丝雀透过打开的窗户，听见百灵鸟和林鸟的歌唱，把它们的乐调编入自己的歌曲。野金丝雀借助模仿，向林子里的同类学习。鸟儿擅长模仿，这是它们天生的本领。

"当人们开始生活时，不要破坏生活的规律和计划，不要把想法强加于生活，而要顺其自然。只有这样，才能创造美丽，创造美好，创造生命，而不是，给人类带来危害。

"你们知道吗？有关金丝雀适应未来之地新环境的问题，生活本身迎合了我们。金丝雀早就开始在北方和东方繁殖。从前它住在加那利岛，住在非洲，住在地中海沿岸。在20世纪，一些鸟开始在离我们越来越近的地方筑巢。金丝雀沿着波罗的海两岸，越来越往北迁移，到了立陶宛，到了拉脱维亚，甚至到了爱沙尼亚；越来越往东迁移，到了白俄罗斯。它们夏天在我们这里孵出后代，10月份集结成群，飞往南方，变成了候鸟。可以指望，由我们的小移民孵出的、从未知之地飞到西南方过冬的金丝雀会追随我们，春天又飞回到我们这儿。

"正如我们的诗人所说，发现永恒的新大陆，探索未知之地，揭示它的奥秘，我们哥伦布们迈向美好的未来。地球上的哥伦布们越多，他们越热爱大地，研究大地，揭示它的奥秘，环绕大地的无知的黑暗就散得越快，对于全体动物而言，幸福的、阳光明媚的早晨就到得越早。

"请允许我借用斯拉维米尔的祝酒诗来结束我的发

言，这首诗是他在俱乐部开幕式上作的：

　　年轻的哥伦布
　　和永恒的新大陆万岁！
　　探究的眼睛和智慧
　　将永远保佑我们！

　　"祝哥伦布俱乐部全体成员在即将到来的新的森林年里，解决一百个新问题，解开新奥秘！"
　　哥伦布们喝完滚烫的茶水，吃完冰冷的冰激凌，热烈地讨论了有关未来的研究和发现，然后各自回家了。

冬

打靶场答案

请检查你的答案有没有击中目标

第十场比赛

1. 从12月22日开始，这是一年中白天最短的一天。

2. 猫的足迹上看不见爪印，因为猫行走时把爪子缩起来。

3. 渔民不喜欢水獭和水貂这两种野兽，因为它们吃鱼。

4. 不会生长，因为它们处于睡眠状态。

5. 因为下过雪之后，雪地上动物的脚印非常清晰。只要沿着脚印去找，一定能找到猎物。

6. 黑琴鸡、山鹑和花尾榛鸡。

7. 在田野里穿白衣服合适，因为跟雪的颜色一样；在森林里穿灰绿衣服合适，因为在冬天也能见到绿色的森林，白色或其他颜色太引人注目。

8. 因为兔子奔跑的时候，两条长长的后腿一直向前伸着。

9．它们不在那里筑巢，因为不孵雏鸟。

10．黑琴鸡的。

11．丘鹬，因为它把嘴伸到地下很深的地方找食吃。

12．麝鼲，因为它散发出刺鼻的麝香味，食肉动物的嗅觉非常灵敏，难以忍受这种气味。

13．熊的脚印。

14．猫头鹰、鸱鹰抓兔子的时候，一只爪抓住它的脊背，另一只爪拼命抓住树枝或灌木枝。惊慌失措的兔子使劲往前跑，力气大得惊人，有时甚至能把死死抓住树枝的鸱鹰撕成两半。

15．这只狍子被枪弹打穿了身子，因为很明显，在脚印两旁有两行血迹。

16．暴风雪。

17．狼。

18．风。

19．酷寒。

20．酷寒。

21．冰。

22．大风雪。

23．黑麦、燕麦和小麦。

24．腌蘑菇。

第十一场比赛

1. 小野兽。身体的体积越大，体内散发的热量就越大。从另一方面考虑，身体表面的面积越大，散发到周围空气里的热量也越大。大野兽的体积比身体的面积大许多，即它的面积比体积小许多。所以大野兽体内产生很多热量，散发的热量却比较少。小野兽恰恰相反。

2. 胖熊。熊冬眠时靠燃烧体内的脂肪提供营养。

3. 狼不像猫科动物那样，埋伏起来阻击猎物，而是靠奔跑来追捕猎物。

4. 冬天树木处于睡眠状态，不吸收水分，所以冬天砍的木头比较干燥。

5. 根据被砍断的树桩上的木质纤维圈数（年轮），就可以知道这棵树的年龄。

6. 因为猫科动物总是先埋伏起来，然后突然蹦出来，捕捉猎物。它们必须非常爱干净，不让身体发出异味。否则的话，它们想猎取的动物就会躲得老远，不敢靠近它们的伏击地了。

7. 因为冬天在靠近人类居住的地方比较容易找到食物。

8. 并非所有的白嘴鸦都飞离我们，一部分留在我们这儿过冬。冬天，在污水坑旁或丛林里，人们可以看到一只或几只白嘴鸦，混居在乌鸦群中。

9. 冬天，蟾蜍什么也不吃，它们冬眠。

10. 冬天，熊从洞里被赶出之后，不再冬眠。

11. 蝙蝠冬天睡在树洞里、岩洞里、顶棚里或者屋檐下。

12. 只有雪兔变成白色，灰兔依旧是灰色的。

13. 猛禽。

14. 交嘴鸟以针叶树的种子为食，它全身被松脂浸透，松脂让它的尸体不会腐烂。

15. 上面覆盖着雪的树墩。

16. 雪花。

17. 冬天，只要一打开门，一股寒气就从外面冲进屋里。

18. 熊和獾这类冬眠的野兽。

19. 指缝制毡靴的过程，用猪鬃引麻线穿过牛皮做的靴底，缝制羊毛毡做的靴帮。

20. 猎人带着猎狗去捕熊。要是没有猎狗的帮忙，熊就会把猎人咬死。

21. 胡萝卜、萝卜。

22. 白菜。

23. 洋白菜。

24. 大圆萝卜。

第十二场比赛

1. 蝙蝠。

2. 冬天，刺猬冬眠。一到秋天，它们就钻进用干草和枯叶搭成的巢里。

3. 不吃肉。（参阅《森林报》第三期）

4. 交嘴鸟。它们用松树籽和杉树籽喂养雏鸟。

5. 带来好处。冬天，山雀把躲在树洞和缝隙里的昆虫，以及它们的卵和蛹，捉出来吃掉。

6. 没有好处，也没有坏处。因为獾在冬天冬眠。

7. 河乌。

8. 为了不让猫爪伸进巢里。

9. 许多昆虫、虾蟹和其他节肢动物的骨骼裸露在外面。这种骨骼由一种质地很硬的物质组成，叫作"甲壳质"。

10. 会呼吸。它透过蛋壳上的气孔呼吸。假如在蛋壳上涂上涂料或胶水，外面的空气无法进入蛋壳，雏鸡就会被闷死在蛋壳里。

11. 由于外界温度突然改变，青蛙会死亡。

12. 冬天和夏天都一样。

13. 海豹在雪下不呼吸。它在冰上凿几个孔，探出头来透气。

14. 城里的雪先开始融化，因为城里的雪更脏。

15. 白嘴鸦飞来的时候。

16. 冰窟窿。一到夜晚，冰窟窿就被冰封住了。

17. 狼。

18. 玻璃窗，因为只有在屋里的这一面才结冰。

19. 从窗外射进屋里的太阳光。

20. 房门一开一关咿呀响，像夜莺在巢里啼鸣。

21. 太阳。

22. 捕兽器。

23. 兔子。

24. 森林。

锐眼竞赛答案

第九场测验

图1：这是喜鹊在雪地上留下的脚印。它先在雪地上蹦跳，留下了爪印；然后用翅膀和尾巴拍打雪地，升起来，飞走了。

图2：这是兔子的脚印。人们很容易辨认雪兔和灰兔的脚印，雪兔的脚印圆圆的，而灰兔的脚印又窄又长。

图3：这是雪兔的脚印。它刚刚在这里吃过饭，几乎把一丛小柳树啃光了，周围到处都能见到它那圆圆的足迹。

第十场测验

第十一期通告中所画的脚印图，可以告诉我们下列事情：

在一个寒冷的冬季的夜晚，一只雪兔跳到一个干草垛旁，偷吃干草。它吃了很久。你看，干草垛周围留下了许多圆圆的脚印。

现在请看：一只狐狸偷偷地从右边靠近它。狐狸小心翼翼地往前走，躲躲藏藏，像猎人们常说的那样，"悄无声息"地逼近猎物。狐狸的脚印很像狗的脚印，只是略微窄一点儿，而且相当均匀，呈一直线。

但是狐狸没有偷袭成功，雪兔及时发现了它，于是跳起来就跑。它的脚印显示它蹦跳着，穿过田野，朝森林奔去。

狐狸也奔跑着，想把雪兔拦住，不让它逃进森林。

可是，突然间，不知为什么，狐狸猛地向旁边拐了个弯，跑进了灌木丛。

而那只雪兔，几乎跑到了森林的边缘，可是它突然失踪了：脚印消失了，哪儿也看不见它，似乎钻到了地底下。

然而，这是不可能的。要是它真的钻到了地底下，雪地上应该留有一个洞。可是，在雪兔脚印中断的雪地上，只看到一个凹陷处，里面有一些兔毛，还有一摊血迹；而在两边，能看到一对巨大的翅膀猛烈拍打雪地后留下的划痕。

不难猜出，这是硕大的猫头鹰或者雕鸮的痕迹。

雕鸮一把抓住兔子，用它那可怕的嘴巴朝兔子啄去，然后用它那锋利的爪子抓起兔子，腾空而起，飞到森林里去了。

现在我们明白了，为什么狐狸拐了弯：眼看到嘴的猎物被雕鸮抢走了。

亲爱的读者，假如你看了这些脚印，就能猜出森林里所发生的这惊险悲惨的一幕，那么，我们祝贺你，你将获得"锐眼侦探"的荣誉称号！

《森林报》编辑部

基特·韦利卡诺夫对故事的解释

米舒特卡的奇遇：新年故事

亲爱的读者，读完这个故事，你们可以得到很多分数！大家知道，新年故事并不要求特别真实，重要的是扣人心弦、结局美满。

故事一开头，故事的作者就撒了个很容易被识破的谎：母熊只在1月底和2月初才在熊洞里产小熊。米舒特卡怎么可能在除夕就满三个月了呢？显然，故事的作者凭空杜撰了所谓的故事主人公，即三个月大的小熊。答对得两分。

第二，米舒特卡可能会在森林里遇到小松鼠。但是，难道冬天的松鼠是棕红色的吗？大家都知道，它们在冬天是灰色的。得两分。

第三，难道隆冬季节刺猬会在森林里闲逛吗？不，它们正在树根间的某个凹陷的草窝里睡大觉呢。得两分。

冬

　　第四，米舒特卡刨开雪，在雪下的地上找到鲜花和浆果。是这么回事，雪下有很多常绿植物，甚至有花。整个冬天，直到开春前，都保留着一些浆果：红梅苔子，越橘。得两分。

　　第五，米舒特卡掉进了一个坑里，蛇、青蛙和癞蛤蟆正在那里冬眠。首先，这些爬行动物和两栖动物从不会以这样奇特的组合聚在一起过冬；其次，冬天它们都冻僵了，既不会嗞嗞叫，也不会呱呱叫。得两分。

　　第六，林鼠住在大雪覆盖下的灌木丛中的巢里，甚至在隆冬季节还生出了小鼠，这都是真的。如果你们不相信，可以读一读福尔莫佐夫教授的著作《雪被》。以前我也不知道这一点。得两分。

　　第七，两只熊在黑暗中面对面相撞，却认不出对方，这是不可能的。因为熊不是靠眼睛，而是靠鼻子辨识物体的。请回忆"篝火旁"（《森林报》第七期）这一章中讲到的伊万爷爷的瞎眼猎狗的故事。瞎眼猎狗凭嗅觉不仅知道兔子往哪里跑，甚至能预知途中的树和树墩。得两分。

　　第八，嗯哼！嗯哼！下雪天的云层中划出闪电？！不可思议！得两分。

　　第九，既然在故事的最开头写道："这里已听不到村子里的一点声音，连喇叭声都听不到了。"说明故事发生在林中腹地，怎么可能突然"传来莫斯科自鸣钟的钟声"。如果谁没有发现这一点，表明他没有仔细地读或听这个故事。得两分。

第十，冬天，鹤不在沼泽地上啼鸣，百灵鸟也不在空中歌唱。原因很简单：冬天我们这里没有鹤和百灵鸟，它们是候鸟，在遥远的南方过冬。得两分。

米舒特卡和妈妈回到被撞毁的熊洞，母熊又开始吮吸自己的熊掌。在我们这个时代，只有最无知的人才会相信这种无稽之谈：似乎熊洞里的熊以自己的脚掌为食。他们不知道，熊睡觉时把脚掌放在鼻子前面，朝着它哈气，所以熊洞里的熊掌是潮湿的。对这样的胡说八道，完全不值得给分。

基特·韦利卡诺夫